U0267628

错觉

AI如何通过数据
挖掘误导我们

[美]加里·史密斯（Gary Smith） 著
钟欣奕 译

中信出版集团 | 北京

图书在版编目（CIP）数据

错觉：AI如何通过数据挖掘误导我们 /（美）加里
·史密斯著；钟欣奕译 . -- 北京：中信出版社，
2019.11

书名原文：The AI Delusion

ISBN 978-7-5217-0995-7

Ⅰ . ①错… Ⅱ . ①加… ②钟… Ⅲ . ①人工智能—研
究 Ⅳ . ① TP18

中国版本图书馆 CIP 数据核字 (2019) 第 197243 号

错觉：AI如何通过数据挖掘误导我们

著　　者：[美]加里·史密斯
译　　者：钟欣奕
出版发行：中信出版集团股份有限公司
　　　　　（北京市朝阳区惠新东街甲 4 号富盛大厦 2 座　邮编　100029）
承 印 者：北京楠萍印刷有限公司

开　　本：880mm×1230mm　1/32　　印　　张：11　　字　　数：220 千字
版　　次：2019 年 11 月第 1 版　　　　印　　次：2019 年 11 月第 1 次印刷
京权图字：01-2019-5497　　　　　　　广告经营许可证：京朝工商广字第 8087 号
书　　号：ISBN 978-7-5217-0995-7
定　　价：58.00 元

目　录

249 第 11 章 完胜股市（下）

283 第 12 章 我们都在监视着你

引　言

2008 年的民主党总统候选人提名，本应成为希拉里·克林顿的加冕典礼的序幕。作为知名度最高的候选人，希拉里得到了党派内部的最大支持，她同时还拥有最丰富的财政资源。

阿尔·戈尔和约翰·克里这两位大人物虽然也考虑参选，但却对击败核心人物希拉里不抱希望。其他不为人熟知的参选人的机会就更渺茫了：俄亥俄州的美国众议院议员丹尼斯·库西尼奇、新墨西哥州州长比尔·理查森，还有美国参议员约瑟夫·拜登（特拉华州）、约翰·爱德华兹（北卡罗来纳州）、克里斯·多德（康涅狄格州）、迈克·格拉韦尔（阿拉斯加州）和贝拉克·奥巴马（伊利诺伊州）等。

不过，本次提名并没有按照写好的剧本上演。黑人参议员奥巴马虽名不见经传，但却点燃了选民的热情。他筹集了足够多的资金，还说服奥普拉·温弗瑞力挺他参选。在艾奥瓦州预选中，奥巴马以八个百分点的优势击败了希拉里，由此拉开了大选序幕。

奥巴马先是赢得了民主党提名，继而又打败了共和党人约翰·麦凯恩而最终成功当选总统。究其原因，奥巴马竞选主要不是靠口才和魅力，而是靠大数据。

奥巴马竞选团队设法将每名潜在选民及其数百条个人信息录

入数据库，包括年龄、性别、婚姻状况、种族、宗教、住址、职业、收入、车辆登记、房屋价值、捐赠历史、杂志订阅、休闲活动、脸书好友，以及所能找到的任何相关情况。

这些数据来自公共数据库、来往电子邮件或竞选工作者的上门询问，还有从私人数据供应商处购买的。而其最主要的来源是每周对数千名潜在选民进行的电话调查访问，通过这种方式不仅能搜集到个人信息，还可摸清每名选民投票的可能性——是否会给奥巴马投票。

从统计学角度来说，选民投票的可能性与其个人特征相关，还可以根据这些个人特征推测出其他潜在选民。奥巴马竞选所用的计算机软件能预测数据库中每个人投票以及给奥巴马投票的可能性。

这种数据驱动的模型使该竞选团队可通过电子邮件、邮寄信件、上门拜访，以及呼吁捐赠和投票的电视广告来进行微目标锁定（microtarget）。如果计算机程序预测狩猎许可证持有者反对枪支管制立法，那么对这类人的枪支管制宣传就会减少。该软件还推荐了可确保捐赠和投票的其他手段。

2008 年 1 月，奥巴马在这关键的一个月内筹到了 3 600 万美元，创下了政治家筹款纪录的新高，约为希拉里所筹资金的三倍。获得提名后，奥巴马的筹款额继续上涨。2008 年整个竞选活动期间，奥巴马共筹集了 7.8 亿美元，是对手共和党人约翰·麦凯恩所筹资金的两倍多。麦凯恩根本没有胜算，也确实没能获胜，他只得了 173 票，而奥巴马却获得了 365 票。

八年后，希拉里·克林顿再次参加总统大选，决意运用大数据为自己加持。

但这一次，大数据让她大失所望。

希拉里的竞选团队共聘请了 60 名数学家和统计学家，其中几位曾效力于奥巴马竞选团队。为纪念 19 世纪的女数学家阿达·洛芙莱斯，他们将自主开发的软件程序称作"阿达"。希拉里要是成为第一位美国女总统，就可以透露"阿达"是她的幕后功臣。故事多么精彩！

他们把"阿达"装在自己的服务器上，只有几个人拥有访问权限。有些人知道这个软件的存在，但不知道它的运作方式，而大多数人对此一无所知。

2016 年 9 月 16 日，距大选还有 7 周，埃里克·希格尔在《科学美国人》杂志上发表了一篇题为"希拉里竞选团队如何（几乎肯定）运用大数据"［How Hillary's Campaign Is（Almost Certainly）Using Big Data］的文章。他指出，"有证据表明，希拉里正在采用可高度精准锁定目标的技术来竞选，奥巴马就曾靠此获胜"。竞选活动开展一年半后，还有观察人士对希拉里的大数据运用继续做出种种推测。这说明"阿达"的保密工作做得非常到位。

希拉里竞选团队对"阿达"的运用守口如瓶，这可能是因为他们不想让希拉里的对手有所察觉，也可能是因为不想加深团队机械行事、谨小慎微和照本宣科的刻板印象，他们毫无伯尼·桑德斯和唐纳德·特朗普竞选团队那样的豪情壮志。

"阿达"每天都模拟运行 40 万次，为它认为合理的局面预测选举结果。如果佛罗里达州的投票率上升两个百分点，新墨西哥州的投票率下降一个百分点，那会怎么样？如果……会怎么样？然后对答案归纳总结，由此确定应该在哪些地区投入资源，以及投入哪些资源。

例如，70% 的竞选预算用于电视广告，这些广告所花的每一分钱几乎都由"阿达"来决定，不寻求或留意资深媒体顾问的建议。"阿达"的数据库有详细的社会经济信息，包括人们在哪座城市看了哪档电视节目，然后推测出这些人给希拉里投票的可能性有多大。"阿达"运用这些数据来计算每张潜在选票的理论成本，然后决定在不同节目、不同时段和不同电视市场上投入的广告经费。

没有人真正了解"阿达"的决策经过，但可以确定这款功能强大的计算机程序能分析超乎想象的海量数据。所以，大家都信任"阿达"。它就像无所不知的女神，只听不问。

我们也不知道"阿达"是如何得出最佳策略的，但它明显是根据历史数据想当然地认为蓝领选民保准会投票支持民主党，上次大选他们确实把票投给了奥巴马，这次还会继续拥护民主党。有蓝领阶层的选票作为不可动摇的基础，希拉里只要获得少数派和自由派精英的支持，就能够轻松取胜。因此"阿达"决定，竞选团队不需要在稳赢的州花钱拉票。然而，当竞选团队意识到某些应该稳赢的州不再胜券在握时，为时已晚。

"阿达"只是个计算机程序，和所有计算机程序一样没有常识或智慧。任何人哪怕稍作关注，都会留意到希拉里在面对伯尼·桑德斯时的弱点。74 岁的社会主义者伯尼·桑德斯是佛蒙特州一位鲜为人知的参议员，在决定迎战希拉里之前，他甚至还不是民主党人。如果是正常人的话，就会想要弄清楚为什么桑德斯表现那么好，但"阿达"没有这种想法。

当希拉里在密歇根州的初选被桑德斯重挫时，有竞选经验的人一眼就能看出桑德斯传递的民粹主义信息具有巨大的吸引力，因此不能理所当然地认为希拉里可以获得蓝领阶层的支持。不过"阿达"并没有注意到这一点。

希拉里对在密歇根州遭到的意外打击感到愤怒，但唯独没有把自己受到的重挫归咎于"阿达"，她仍然相信"阿达"清楚怎样做是最好的，毕竟，"阿达"是台功能强大的计算机，不受人类偏见的影响，可处理大量千兆字节的数据，可每天进行难以想象的 40 万次模拟，没有人能与之抗衡。因此，该竞选团队还是以数据驱动为主，在很大程度上忽视了经验丰富的政治专家和亲自与选民交谈的竞选工作人员的请求。

众多选民先后对桑德斯和特朗普表现出极大的热情，而为数不多的希拉里的支持者则表现含蓄。"阿达"并未对此加以比较。数据库中没有关于"热情"的内容可供"阿达"处理，所以它忽视了活力和激情，希拉里的数据驱动型竞选也是如此。对计算机来说，凡是不可度量的东西都不重要。

最大错特错的是，希拉里竞选团队的数据专家竟然让比尔·克林顿缄默。克林顿可能是我们见过的最优秀的竞选者了，1992 年成功击败时任总统乔治·赫伯特·沃克·布什登上总统宝座时，克林顿的竞选口号为"笨蛋，问题在经济"（It's the economy, stupid）。克林顿本能地知道选民看重什么，知道如何说服他们。

2016 年竞选期间，比尔·克林顿看到了伯尼·桑德斯和唐纳德·特朗普呼吁工薪阶层选民时所激发的热情，于是建议希拉里以"笨蛋，问题在经济"作为主要竞选方针，尤其在萧条的中西部地区，包括俄亥俄州、宾夕法尼亚州、密歇根州和威斯康星州形成"蓝墙"（Blue Wall）。而"阿达"理所当然地认为，这道由"蓝墙"组成的防火墙会是希拉里战胜特朗普的基础。

"阿达"的另一个盲点是，经验丰富的政治家知道电视广告虽然可行，但最能打动乡村地区选民的方法，就是候选人安排时间出席市政厅会议和县博览会，以表示对选民的关心。而靠数据驱动的"阿达"着实没有考虑这一点。竞选活动支持率出现下降时，显然应该指派一名竞选专员深入乡村地区调查，而且要找能与农民打交道的人。这名专员还得是来自布鲁克林，而且不要出身背景太好的。

竞选期间，希拉里并没有采纳克林顿的建议（真的就连他的电话也不接了），这让克林顿恼羞成怒。他向希拉里的竞选主席约翰·波德斯塔抱怨："那些还挂着鼻涕的小屁孩会把事情搞砸的，因为他们都把我的话当成耳边风。"

　　"阿达"断定，选民更担心的不是自己的就业机会，而是特朗普毫无总统风范的行为。于是，希拉里便将竞选重点放在抹黑特朗普上："我并非无可挑剔，但特朗普更加糟糕。"

　　在"阿达"的建议下，希拉里的竞选活动几乎完全忽视了密歇根州和威斯康星州，尽管此前在这两个州的预选中都败给伯尼·桑德斯的经历本应为她敲响警钟。相反，希拉里把竞选的时间和资源都浪费在像亚利桑那州那样胜算不大的地区（也确实没赢），因为"阿达"判断希拉里能在这些州赢得压倒性的胜利。

　　竞选结束后，一名民主党民意调查者表示，"她在竞选时忽略了选举团的建议，也没有在密歇根州和威斯康星州等地投入必要的资源，这简直就是渎职"。

　　克林顿在希拉里败北后指责那些数据专家完全依赖计算机程序而忽略了数百万失业或担心失业的工薪阶层选民。据称，克林顿在与希拉里的一次通话中，气得将手机扔出了他在阿肯色州顶层公寓的窗户。

　　不知是数据不好，还是模型不当，但可以肯定的是大数据并非灵丹妙药，尤其是当大数据被藏在计算机内，而深谙现实世界的人类对计算机如何处理这些数据毫不知情的情况下。

　　计算机在某些方面确实表现出色。我们的生活也多亏计算机的赋能才更加丰富多彩。然而，希拉里·克林顿不是唯一过度迷信大数据的人，也肯定不会是最后一个。但愿我能说服你，不要加入他们的行列。

第 1 章

智能还是服从

《危险边缘》是一档热门的电视智力竞赛节目，有多个版本，开播至今已有 50 多年。该节目的比赛内容为百科知识问答，其巧妙之处在于：参赛者要根据以答案形式提供的各种线索，给出与这个答案相对应的问题。例如，线索是"美国第 16 任总统"，正确的问题就是："谁是亚伯拉罕·林肯？"每期节目均有三名参赛者，以摁按钮的方式口头抢答（除了最后一轮"终极危险边缘"以外，在其他环节三名参赛者均有 30 秒时间书写作答）。

从很多方面来看，这档节目都适合计算机参与，因为计算机能准确无误地存储和检索大量信息。在《危险边缘》青少年组比赛中，一名男孩因将"谁是安尼·弗兰克"误写成"谁是安妮·弗兰克"而痛失冠军。而计算机就不会犯这样的错误。

另外，线索有时通俗易懂，有时却晦涩难解。例如，线索是"把它打进去，你就输了比赛"，对只是资料库的计算机来说，很难得出以下正确问题："什么是（台球）母球？"

还有一个难解的线索是："翻译时，这支大联盟棒球队的名字会重复一次。"正确问题为："什么是洛杉矶天使队？"（What is the Los Angeles angels ？）

2005 年，15 名 IBM（国际商用机器公司）的工程师合作设计了一款能与《危险边缘》最佳玩家同台对擂的计算机，取名

"沃森"，以纪念 IBM 的首任 CEO（首席执行官）托马斯·J. 沃森。沃森在 1914 年接手 IBM 时，IBM 还只是一家仅有 1 300 名员工、年收入不足 500 万美元的小公司，到了 1956 年他去世的时候，IBM 已经发展成为一家有 7.25 万名员工、年收入 9 亿美元的公司。

"沃森"程序存储了相当于 2 亿页纸的内容，每秒可处理相当于 100 万本书的信息。除了拥有海量内存和高速处理能力外，"沃森"还能理解自然语言，使用合成语音进行交流。与罗列相关文档或网站的搜索引擎不同，"沃森"可按照程序并根据线索得出具体答案。

"沃森"运用数百个软件程序，先识别线索中的关键字和词组，再与海量数据库中的关键字和词组相匹配，最后得出合理答案。按照编好的程序，如果线索是某个名字（如亚伯拉罕·林肯），"沃森"就会写出以"谁是……"开头的问题；如果线索为某一事件，它就会写出以"什么是……"开头的问题。单个软件程序与某个答案的一致性越高，"沃森"就越能确定此为正确答案。

该程序能轻而易举地得出与"美国第 16 任总统"这么直白的线索对应的问题，但要处理有多重含义的词语时就有些困难了，比如，线索是"把它打进去，你就输了比赛"之类的问题。但是，"沃森"不会感到紧张，也绝不会遗忘。

2008 年，"沃森"做好了参加《危险边缘》的准备，但还有些问题需要协商。IBM 团队担心该节目的工作人员会使用包含双关语和具有双重含义的线索，给"沃森"下圈套。这一担心也恰好揭示了人类与计算机的巨大差异。人类可以根据语境理解词义，所以能理解双关语、笑话、谜语和讽刺批评。而目前的计算机，充其量只能检查出数据库中是否含有双关语、笑话、谜语或讽刺批评。

对此，节目工作人员同意随机抽取以往编写但未使用的线索。而节目工作人员也担心，如果"沃森"一得到答案就可以发出电子信号，会比必须通过摁按钮来答题的参赛者更有优势。对此，IBM 团队同意给"沃森"装根电子手指来摁按钮，但它还是比人类快，这也让"沃森"占据决定性优势。摁按钮快算是聪明的体现吗？ 如果"沃森"的反应速度降为与人类的一致，比赛结果又会如何？

接下来，在 2011 年的人机大战中，"沃森"与《危险边缘》的两名前冠军肯·詹宁斯和布拉德·鲁特展开了两轮比赛。首轮比赛"终极危险边缘"的线索是：

它最大的机场以第二次世界大战的英雄命名，
它的第二大机场以第二次世界大战的战役命名。

两名前冠军给出的问题为："芝加哥是什么？"而"沃森"给出的问题是："多伦多是什么？？？？？"显然，"沃森"识别出了"最大的机场"、"第二次世界大战的英雄"和"第二次世界大战的战役"这些词组，然后在其数据库中查找相同主题，但没能理解线索的第二部分（"它的第二大"）指的是该市的第二大机场。"沃森"给问题添加了多个问号，因为它计算出的这一答案的正确概率仅为 14%。

尽管如此，"沃森"还是以 77 147 美元轻松获胜，詹宁斯和鲁特的赛果分别为 24 000 美元和 21 600 美元。"沃森"夺得了 100 万美元的冠军奖金（IBM 将其捐赠给了慈善机构），詹宁斯和鲁特也各自将奖金的一半捐赠给了慈善机构。"沃森"在《危险边缘》的取胜是一次价值数百万美元的宣传良机。在获得艳惊四座的胜利后，IBM 宣称，相比在《危险边缘》中与主持人亚历克斯·特雷贝克较量，"沃森"的问答技能将运用于更重要的领域。IBM 一直将"沃森"应用于医疗、银行、技术支持以及其他能利用庞大的数据库来解决具体问题的领域。

对许多人来说，"沃森"击败《危险边缘》的两名前冠军无疑证明强大的"沃森"无所不知！计算机比人类更聪明，我们应该依靠它，相信它的决策。也许我们还应该担心，计算机会在不久的将来征服甚至消灭人类。

"沃森"真的比我们聪明吗？它的胜利恰恰反映了计算机的优势和弱点。作为能力超强的搜索引擎，"沃森"可以在其庞大的数据库中快速查找单词和短语（它还有可以快速点触的电子手指）。我之所以没有使用"解读"这个词，是因为"沃森"并不了解那些单词和短语的含义，比如"第二次世界大战"和"多伦多"，它也不明白语境中的词义，比如"它的第二大"。"沃森"的实力被过分夸大了，正如很多电脑程序一样，它的智能不过是假象罢了。

从很多方面来说，"沃森"的表现就是骗人的把戏，只不过是在范围极小的某些技能上看似具有超人的发挥罢了。设想有一个不懂英语，但有无限时间翻阅大型文库（藏有 2 亿页英语单词和短语）找出匹配单词和短语的人。我们会认为这个人聪明吗？计算机仅因能比人类更快地进行搜索匹配，就说明它聪明绝顶吗？

连 IBM "沃森"团队负责人戴夫·费鲁奇也坦承："我们在开发'沃森'，设法让其仿造人类认知时，有坐下来好好谈过吗？根本没有。我们不过是想发明一台可以在《危险边缘》中获胜的机器而已。"

计算机不仅击败了《危险边缘》中的人类玩家，还击败了国际跳棋、国际象棋和围棋的世界冠军，这助长了人们认为计算机比最聪明的人类还要聪明的普遍观念。想要玩好这些战略型棋盘游戏，仅靠匹配单词和短语的强大搜索引擎是远远不够的，还要能分析棋盘格局、制定创意策略、做到未雨绸缪。这难道不是真正的智能吗？

接下来，我们就从非常简单的儿童游戏开始了解。

井字游戏

在玩井字游戏时，两个玩家在 3×3 网格上轮流画 × 和 ○（如图 1.1 所示）。无论是在水平方向、垂直方向还是在对角线上，只要三个方格连成一条线，该玩家即赢得比赛。

通过分析所有可能的移动序列，软件工程师可以编写出靠蛮力计算的程序来掌握井字游戏。玩家甲有 9 个方格可选择，在他走出第一步后，玩家乙有 8 个方格可选择，前两步共有 72 种组合方式。走完前两步，玩家甲剩 7 个方格可选择。整局游戏玩下来，计算机程序必须处理的选择序列共有 9×8×7×6×5×4×3×2×1 = 362 880 种。

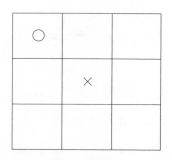

图 1.1　井字游戏

也有更简便的分析方法，但重点是，井字游戏程序看待游戏的方式与人类不同。人类看到 3×3 的网格会思考选择哪些方块能完成三格连线，以及选择哪些方块会阻挡对手完成连线。但计算机程序无法对这些方格进行可视化，而是为每个方格分配一个

1~9 的数字（如图 1.2 所示），并识别获胜组合（例如 1、2、3 和
1、5、9）。

1	2	3
4	5	6
7	8	9

图 1.2　匹配数字后的井字游戏

计算机程序会算出 1~9 的可能序列，识别各玩家的最佳策略，并假设对手会选择的最佳策略。一旦软件编写调试完成，就会立即显示出最佳策略。

假设玩家乙采用最佳策略，如果玩家甲从中心格或任一边角格起步，玩家乙就选择相反的方式——如果玩家甲选择中心格，玩家乙则选择边角格；如果玩家甲选择边角格，玩家乙则选择中心格。采用最佳策略的游戏总会以平局结束。

这就是蛮力计算，不涉及逻辑推理，只是无意识地枚举数字 1~9 的排列和识别获胜排列。

在井字游戏和其他游戏中，人类通常会避免对所有可能的移动序列进行蛮力计算，因为这样一来移动序列的可能性就会暴增。相反，我们使用逻辑推理，并将注意力集中在有意义的走法上。与蛮力计算程序不同，人类不会浪费时间思考明显错误的步

骤。而没有逻辑和常识的计算机却还是会分析愚蠢的策略。

玩井字游戏时，人类玩家可能会研究 3×3 网格，而计算机玩的是 1~9 的数字。人类会采用可视化的方法，将注意力集中到中心格上，意识到这一格蕴含四个获胜排列，而每个边角格蕴含三个，每个边格蕴含两个。

中心格也是极佳的防守走法，因为接下来玩家乙无论选择哪一格，最多只蕴含两个获胜排列。相反，若玩家甲先选边角格或边格，就会让对方占据中心格，减少了自己的一个获胜排列，同时为对方创造了三个获胜机会。

从逻辑上讲，似乎起步最好选中心格，最后选边格。人类对棋盘的这种可视化认知和对中心格战略价值的判断，完全不同于软件程序对数字 1~9 所有排列的无意识识别。

人类也能发现游戏的对称性，即四个边角格任选其一开盘都同样可取（或不可取）。因此，人类只需思考选择其一的后果，选择其他三个边角格的后果就同理可得。游戏的对称性让人类每走一步都能减少需要考虑的移动步数。最后，人类会发现某些走法能迫使对手选择对其不利的方格，从而阻止对手完成三格连线。

人类能够运用战略性思维找出最佳策略，并发现采用最佳策略总会打成平局。有经验的人还会发现，同孩子玩游戏时不按常规出牌有时也能够获胜，例如开局选择边角格，甚至边格。

具有讽刺意味的是，尽管人类可以运用逻辑找出最佳策略，但人类编写的计算机软件程序还是有可能击败人类的，因为计算机无须考虑自己的走法。井字游戏的计算机程序只要遵守编程规则即可。相比之下，人类每走一步都必须思考，最后会疲惫不堪导致犯错。

计算机相比于人类的优势跟"智能"的一般含义毫无关联。正是人类编写出能识别最佳策略并存储于计算机内存中的软件，计算机才有规律可循。

尽管井字游戏这款儿童游戏会越玩越无聊，但它是很好的例子，凸显了计算机软件的威力和局限性。计算机程序对于烦琐的计算用处极大，编程软件每次的答案都完全一致，还能不厌其烦地完成已编程好的任务。与人类相比，计算机的处理速度更快、保存的信息更多。

人类怎能奢望在以信息记忆和处理速度为胜的活动上与计算机竞争呢？也许真正的奇迹不是计算机的强大，而是人类还在很多方面比计算机更胜一筹。遵循规则与人类毕生所获得的智慧，两者天差地别。

人类的智慧使我们能够识别出含义模糊的语言和扭曲的图像，对问题追根溯源，应对异常情况以及很多虽遵循规则却无法处理的事情。

国际跳棋

国际跳棋比井字游戏复杂得多，实际上，它复杂到根本无法对所有可能的移动序列进行蛮力分析。所以，你可能认为计算机必须模仿人类的思维才能下好国际跳棋。然而并非如此。

国际跳棋采用灰白棋格相间的 8×8 棋盘（如图 1.3 所示）。只能走灰色棋格，也就是说可走方格的数量从 64 个减到 32 个。两方玩家每方各有 12 枚棋子，放置于己方的灰色棋格内，中间的 8 个灰色棋格留空。棋子可沿灰色棋格对角移动，跳吃对方棋子。

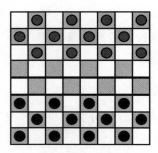

图 1.3 国际跳棋棋盘

在理论上，尽管所有可能的序列都有无限步数，蛮力分析还是可以识别出最佳策略的，就像玩井字游戏那样。但是，对目前的计算机来说，在合理时间范围内要分析的可能序列数量过于庞大。因此，人类想出了简化策略来利用计算机的能力。与井字游戏一样，国际跳棋的计算机程序不会尝试制定逻辑策略，而是利用计算机的优势——快速处理和绝佳记忆。

井字游戏走九步就结束了，而国际跳棋有无限步数，因为玩家可以在没有哪方获胜的情况下不断来回移动棋子。实际上，来回移动棋子很无聊，所以除非有一方犯了非常低级的错误，否则玩家会在明显无法出现赢家时同意和棋。(冷酷无情的国际跳棋程序永远不会同意和棋,而是会一直玩到人类对手精疲力竭,累到无法清晰思考而犯错。)

虽然国际跳棋游戏的步数不受限制,但能走的棋盘位置还是固定的。用不着算出所有可能的移动序列,国际跳棋计算机程序更好的做法是查看所有可能的棋盘位置,然后确定在这些位置的走法哪些得势、哪些失势。

尽管如此,这项任务还是让人发怵。棋盘走位有 5 万亿种可能,在没有考虑到所有接下来可能的位置序列的情况下,很难真正确定走这一步是否会得势。

人类以其洞察力将游戏分为三部分(开盘、中场和残局),单独分析每个部分,最后串联起来(如图 1.4 所示)。

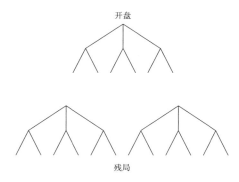

图 1.4　国际跳棋的决策树模型

开盘的那几步棋已有写好的"剧本",表明了最佳的开盘走法、每种开盘的最佳应对方式等。这些剧本是国际跳棋玩家几百年积累下来的集体智慧。每名严肃的国际跳棋玩家都会研究这些剧本。编写国际跳棋程序代码的软件工程师也会把剧本加载到计算机内存中，计算机会在开盘时遵守这些规则。

到了残局阶段，如果棋盘上只剩两枚棋子，则位置数量相对有限，而如果剩下三枚棋子，则位置数量会增加，但还在可控范围，以此类推。对于每个可能的位置，人类玩家能计算出最佳走法，同时确定最佳走法是否会造成平局或出现胜方。所剩棋子数越多，可能位置的数量就越多，但很多都容易解决，并且棋盘的对称性也会减少必须分析的位置的数量。人类分析完包含所有可能棋盘位置的全部残局的情况后，比方说还剩不到六枚棋子，那么每个位置的残局最佳走法就会被加载到计算机内存中。

游戏进行到预先加载的残局位置时，计算机便按照人类预先确定的最佳走法的规则落子。人机对抗的跳棋残局中，人类玩家每走一步，计算机就会从数据库中选出预先确定好的最佳走法来应对新的棋盘位置，一直持续到比赛结束，通常结果是一方认输或双方同意和棋。

在游戏进行到中场时，计算机会试图将开盘剧本与残局位置联系起来。如果开盘几步之后，游戏进行到已存储的残局位置，则游戏结果可想而知（假设为最佳玩法）。

可供蛮力分析来识别最佳序列的中场局势数不胜数，因此程序员会将人类在跳棋领域的智慧与计算机的能力结合起来，列举各种序列。如果计算机有足够的能力和时间预测接下来的四步，那么计算机就会预测这四步可能产生的所有序列，并使用人类特定的损失函数（loss function）来比较四步后所有的可能位置。损失函数也是基于人类几个世纪的经验，考虑了被认为重要的因素，例如，每个玩家拥有的棋子数和对棋盘中心位置的控制。国际跳棋专家建议程序员为不同因素分配权重，以反映每个因素的重要性。

计算机通常会选择"最大最小值归一化"（minmax）的走法，因此它可以在最坏情况下（即最大值）让可能造成的损失最小化（即最小值）。如果另一个玩家采用最佳走法，程序则选择损失最小（或收益最大）的走法。

经过几个回合的中场比拼后，棋子数缩小到前瞻计算可以得出已知残局结果的水平。假设这是最佳玩法，那么游戏基本上结局已定。如果人类玩家犯错，则游戏结束得更快。

值得注意的是，计算机程序中"智能"的含量极少。在游戏开始时，计算机程序必须遵守开盘提示；中场游戏期间，计算机程序确定前瞻序列，并使用人类规定的损失函数，按部就班地决定走法；进入最后阶段，计算机程序还得依照残局指令运行。

为国际跳棋、国际象棋、围棋等复杂游戏而设计的计算机程序并不试图模仿人类思维，这涉及对潜在取胜原则的创造性认识。编写计算机程序是为了利用计算机的优势——无懈可击的记忆能力和毫无差错的规则遵守。

国际跳棋的计算机程序与人类玩家相比有几个重要优势：它

永远不会在开盘和结束时犯错。人类玩家可能已研究过国际跳棋手册，但人类没有完美的记忆能力，还是会犯错。没有人思考过，更不用说记住所有可能出现的残局序列，其中有些还需要几十步精确走法才能得到最佳结果，人类只能在仓促之间找到最佳走法。而计算机的数据库中加载了最佳序列，可以做到这一点。

国际跳棋游戏中，人类击败计算机的唯一机会在中场。人类的预测能力可能不如计算机，计算机会分析不同走法背后大量的可能序列，但人类玩家能更好地把握特定位置的战略价值。例如，人类玩家可能会认识到，控制棋盘中间位置的重要程度比计算机损失函数给出的权重更高，或者计算机控制中间位置的数值测量可能有误，又或者中间位置的最终控制无法依靠测量目前局势得知。

计算机的最后一个优点是它不会累。高水平国际跳棋游戏可以持续两个多小时。由于大多数国际跳棋对决是以平局结束的，因此跳棋锦标赛会安排很多场比赛，一个多星期下来可能每天都会有四场。人类玩家每天的比赛时间为 8~10 个小时，一天接着一天，他们会疲惫不堪，容易出错。但计算机不会疲倦，因为它不需要思考，只要服从就好。

史上最优秀的国际跳棋选手是传奇人物马里恩·廷斯利。他是一个神童，开始念书的头八年就跳了四级，后来成为专攻组合分析的数学教授。小时候，他每周用五天，这五天每天用八个小时来学习国际跳棋。读研期间，他称自己已经花了一万个小时研究国际跳棋。到了 20 多岁，他基本上已无人能敌。

有 12 年时间，廷斯利不再参加国际跳棋锦标赛，据称是因为他觉得非常保守的对手很无聊——他们希望的最好成绩是平局。后来重返赛场的他于 1991 年再次退役，时年 63 岁。1992年他又被国际跳棋程序奇努克（Chinook）团队的创建负责人、数学教授乔纳森·谢弗请回赛场。谢弗的研究团队有三个人，分别负责开盘数据库、残局数据库和中场损失函数。

在 1992 年廷斯利和奇努克的 40 场比赛中，大部分是平局。廷斯利赢了第 5 场比赛，那场比赛中奇努克遵从了已加载在其剧本中的一种次优走法。廷斯利输了第 8 场比赛，将其归因于疲劳过度。到了第 14 场比赛，奇努克采用了数据库中廷斯利多年前使用过的一连串走法，但廷斯利忘记了，因此输了比赛。后因奇努克发生故障，廷斯利拿下了第 18 场比赛。（计算机也会疲劳？）随后，廷斯利还取得了第 25 场和第 39 场比赛的胜利，最终以 4胜 2 负 33 平的成绩取胜。

这是人类大战机器中人类的一次胜利，但两场比赛的失利，却是廷斯利 45 年国际跳棋职业生涯中仅有的两次。

谢弗极大地扩充了奇努克的开盘和残局数据库，还将中场的前瞻能力从 17 步增加到了 19 步。1994 年，他要求再进行一次对决。前六场比赛为平局，不过廷斯利认为奇努克的水平已经得到提升。他表示，在奇努克的残局数据库足够巨大以至于不会出错之前，他只有 10~12 步的机会能获得领先优势。可惜的是，廷斯利因患胰腺癌而不得不放弃比赛，并于 7 个月后与世长辞。

廷斯利的记忆力惊人。1992 年第一次比赛后，他给谢弗讲了自己 40 多年前的一场比赛，他仍能准确无误地记住每一步。尽管如此，他的记忆力还是无法与强大的计算机匹敌。廷斯利真正拥有的是通过多年研究和实践积累的棋感，奇努克绝不可能对位置的优劣有相同的直觉。

在决胜局前的 14 场展示赛中，廷斯利和奇努克有 13 场平局，第 10 场为廷斯利获胜，谢弗随后描写了这场决定性的比赛：

我走下了奇努克的第 10 步。刚放下棋子，廷斯利就惊讶地抬起头说："你会后悔的。"我尚未领略过伟大的廷斯利的行事风格，默默地坐在那里，心想："你知道什么，我的程序正在搜索后 20 步的可能性，表示它占优势。"再走几步后，奇努克的评估降至旗鼓相当。又走了几步后，它表示廷斯利更占上风。后来，奇努克说它遇到了麻烦。最后，越下越糟，我们只好投降了。在廷斯利的比赛日志中，他透露自己已经预料到残局，在第 11 步就知道他会赢，也就是我们出错的下一步。而奇努克需要预测后 60 步，才能知道它的第 10 步下错了。

廷斯利去世后，奇努克与世界排名第二的国际跳棋选手唐·拉弗蒂进行了 32 场比赛，并以 1 胜 31 平取胜。1996 年，奇努克退出国际跳棋锦标赛，不过你可以在线对战低配版的奇努克。退赛后，奇努克同数十台差不多连续运行了 18 年的计算机一起工作，以检验确认国际跳棋玩家在先走并且每一步都是最佳走法的情况下是否可以保证取胜。

2007 年，谢弗宣布国际跳棋和井字游戏一样，也是一款极好的权衡游戏，如果每个玩家都能选择最佳走法，则可以保证平局。这是计算机的一项壮举，但我不会称其为智能。

下一代的计算机游戏程序采取了不同的做法，即试错过程——计算机跟自己比赛数百万次，同时记录取胜方式。一款名为 AlphaGo（阿尔法围棋）的程序采用了这种方法，击败了世界上最顶尖的围棋手。此外，另一款名为 AlphaZero（阿尔法零）的程序还击败了最好的计算机国际象棋程序。这些程序都能极好地执行范围狭窄、目标明确的任务（"将"对手的军），但不会像人类那样分析棋盘游戏，思考为什么某些策略会成功。即使是计算机编码员也不明白为什么他们的程序有时会选择不寻常的甚至是奇怪的特定走法。

创建 AlphaGo 和 AlphaZero 的公司 DeepMind（深度思考）的首席执行官戴密斯·哈萨比斯举了个例子。在一场国际象棋比赛中，AlphaZero 将"后"移到棋盘的边角格，这与人类想法相矛盾，因为国际象棋中最厉害的"后"在棋盘中间位置会更加强大。在另一场比赛中，AlphaZero 牺牲了"后"和一个"象"，而对人类玩家来说，除非可以立即获得回报，否则几乎不会这样走。哈萨比斯说："AlphaZero 与人类的玩法不同，与编程的玩法也不同。它采用第三种玩法，似乎是外星人般陌生怪异的玩法。"

尽管在棋盘游戏中具有怪异的超人技巧，但计算机程序并不具备类似人类智慧和常识的东西。这些程序不具备处理不熟悉的情况、不明确的条件、模糊的规则以及含糊甚至相互矛盾的目标所需的一般性智能。决定去哪里吃晚餐、是否接受一份工作、跟谁结婚，都与"象"走三步"将"对方的军截然不同——这就是为什么让计算机程序为我们做决定是危险的，不管它们多擅长棋盘游戏。

第 2 章

盲　从

奈杰尔·理查兹是新西兰籍马来西亚人，他是职业拼字游戏玩家（是的，拼字游戏也有职业玩家）。他母亲回忆说："他开始学说话的时候，对字词不感兴趣，只对数字感兴趣，他把一切都与数字联系起来。"他28岁时，他的母亲跟他比赛玩拼字游戏："我知道一种你不擅长的游戏，因为你拼写不是很好，而且你英语也没学好。"四年后，理查兹赢得了泰国国际大赛（国王杯）的冠军，这是世界上最大的拼字游戏锦标赛。

　　他多次赢得美国、英国、新加坡和泰国拼字游戏锦标赛的冠军（锦标赛每两年一届，他在2009年获得亚军），还分别在2007年、2011年和2013年赢得了拼字游戏世界冠军。

　　2015年5月，理查兹决定记住法语拼字游戏中允许使用的38.6万个单词（北美拼字游戏中允许使用的单词数为18.7万个）。之前除了bonjour（你好）和每个回合中记录得分的数字，理查兹一句法语都不会，除此之外，他也不理解法语单词的含义，他只是记忆。

　　9周后，他在法语拼字游戏世界冠军决赛中以565∶434的惊人成绩取得胜利。就算他练了9周，每天练习16个小时，要记住法语拼字游戏中的38.6万个单词，每个单词平均也只有9秒钟的记忆时间。然而据称，理查兹并没有逐个记单词，而是逐页浏览，字母都印入脑海中，他在玩拼字游戏时只是按需回忆。

理查兹在法语拼字游戏锦标赛中的表现与在英语比赛中一样快速敏捷，完全无法想象他其实不会用法语进行交流。对理查兹这样的专家来说，拼字游戏本质上是数学游戏，通过棋子的组合获得积分，限制对手做同样事情的机会，同时保留将来可能有用的字母。重要的技能是识别模式和计算概率的能力，没有必要知道单词的含义。

理查兹是史上伟大的拼字游戏玩家之一，尽管他生性安静谦虚，就像一台专注于自己业务的电脑一样。

或者我应该说计算机就好比理查兹？计算机不知道任何单词的真正含义，它只是处理存储在内存里的字母组合。计算机存储器容量很大、处理速度很快，但处理字母组合是很有局限性的任务，仅在特定明确的情况下有用处，例如单词分类、字数统计或单词搜索。许多计算机的专长也是如此，它们都令人印象深刻，但其应用范围严重受限。

单词、图像和声音识别软件受到粒度法（granular approach）的限制——它们试图匹配单个字母、像素和声波，而不是像人类那样在语境中识别和思考。

思考之源和思维之火

1979 年，34 岁的道格拉斯·霍夫施塔特（中文名为侯世达）

因其著作《歌德尔、艾舍尔、巴赫——集异璧之大成》获得普利策奖。该书主要探索我们的大脑是如何运作的，以及计算机有朝一日会如何模仿人类的思维。霍夫施塔特一生都在努力解开这个极其难解的谜题。人类如何从经验中学习？我们如何理解我们生活的世界？情绪来自哪里？我们如何做出决定？我们如何编写不灵活的计算机代码来模仿神秘灵活的人类思维？

霍夫施塔特得出的结论是：思考之源和思维之火。当人类看到一个活动、阅读一篇文章或听到一段对话时，能够专注于其最突出的特征，即"骨骼本质"（skeletal essence）。真正的智能是识别和评估情境本质的能力。人类通过类比其他经验来理解这一本质，又利用这一本质来增加经验。霍夫施塔特认为，人类智能的根本是收集和分类人类经验，然后对其进行比较和组合。

令霍夫施塔特沮丧的是，计算机科学走向了另一个方向。计算机科学家不再尽力模仿人类大脑，而是专注于计算机存储、检索和处理信息的能力，因此计算机软件变得有用起来（并有利可图）。软件工程师不再尝试理解人类思想如何运作，他们转而开发产品。

限制计算机科学研究的范围，也就限制了计算机的潜力。如果程序员不愿尝试，计算机就永远不会像人类思维那样智能。霍夫施塔特感叹道："作为人工智能领域的新人，我不想参与一些花里胡哨冒充智能的编程行为，尤其是当我知道这与智能毫不相关时。"

对 AI（人工智能）所采取的迂回路线，有一个很好的比喻。人类一直梦想着飞行，梦想着双脚离地在天空翱翔，甚至还梦想着去月球旅行。

这是异常困难的，早期很多尝试都以失败告终，例如传说中的伊卡洛斯（Icarus），他身缚由蜡和羽毛制成的翅膀。离开地面的另一种方法是爬树，这需要力量、技巧和决心，有可能会成功，但无论树有多高，它都不会使我们翱翔天空或到达月球（如图 2.1 所示）。

同理，人工智能不再尝试设计按人类思维方式思考的计算机，而是运用技巧和决心，虽然也取得了成效、产生了作用，但是爬到"树顶"（有些人认为我们可能接近"树顶"了）也不会让我们更有可能制造出真正拥有人类智能的计算机。

图 2.1　月亮和树

霍夫施塔特举的一些例子令人信服。就像大写字母 A，即使可以用不同的字体和样式书写，人类还是能立刻辨认出来，因为我们将字母 A 的变体同我们曾经看到和记住的变体进行类比。霍夫施塔特称此为"心理类别的流动性"。

软件程序就完全不同了。这些程序通过编程，将字母 A 与通过特定方式排列而成的像素关联起来。如果与其内存中的像素图案高度匹配，计算机就能识别该字母；如果与计算机的记忆略有不同，它就无法识别。

那些出现奇怪字母的网页验证码小框（如图 2.2 所示）就是建立在计算机对此无能为力的基础之上的，这称为 CAPTCHA（全自动区分计算机和人类的图灵测试）。人类可以轻松破译字母变体，电脑却不能。

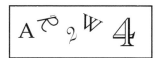

图 2.2　字母和数字变体的验证码

除了数字和字母，CAPTCHA 还会要求用户点击含有某些物体图像的方框，如花、椅子和道路等，因为人类会立即识别出无数变体，但计算机程序却不能。我们并不是说计算机永远无法像人类那样识别物体。而且其视觉识别程序一直不断改进，总有一天会变得非常可靠。要害在于这些程序不会像人类大脑一样运作，因此，称其具有人类那样的智能具有误导性。

我们将事物分解为"骨骼本质"，并且能认识到它们如何结合在一起。看到图 2.3 中的简笔画，我们可以立刻把握其本质

（一个箱子、一个手柄、两个轮子和文字），也明白箱子、手柄、轮子和文字是如何相关的。我们认为它是某类马车，可以滚动，可以托运物品，还可以拉动滑行。我们不需要匹配像素就能知道，是因为我们见过箱子、手柄和轮子，知道它们有什么用处，无论是单独的零件，还是零件的组合。我们看到箱子上的文字"红魔鬼"，可以立即读取，而且我们知道这是不重要的装饰。

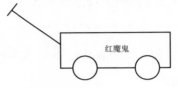

图 2.3　简笔画：这是什么？

　　计算机没法这么做。计算机需读取数百万或数十亿张货车图片，才能得到该像素的数学表达方式。然后，在需要识别货车图片时，计算机会创建图片像素的数学表达式，并在其数据库中寻找高度匹配的结果。这个过程很难确定——匹配结果有时令人惊叹，有时则令人捧腹。

　　我曾请一名优秀的计算机科学家使用最先进的计算机程序来识别图 2.3，该程序有 98% 的把握能确定图中是一家商店，也许是因为矩形上的文字类似店面标识。

　　人类无须看过 100 万辆货车才能知道货车是什么。一辆货车足以让我们了解其关键特征，不仅如此，我们还可以了解货车能做什么、不能做什么——货车可以被吊起、被放下、被填充、被启动，但不能飞行或翻跟头。

人类思维掌握事物基本特征并理解其含义的能力确实令人惊叹。我们知道图 2.3 是个箱子，因为它与我们看到的其他箱子相似，即使这些箱子的尺寸大不相同，也可能没有轮子和手柄。几乎同时，我们能识别所见的圆圈是轮子，因为它们位于箱底，我们知道这能让箱子移动，我们曾经见过箱子随轮子移动。我们还会推测箱子另一侧可能还有两个轮子，即使我们没有看到它们，因为我们知道如果另一侧没有轮子，箱子就会站不稳。

我们根据经验得知，带轮子的箱子通常用于搬运物品，所以，这个箱子可能是空心的，有空间可以存放或搬运东西。即使我们看不到箱子内部，也可以推测里面装有东西。我们还会想到用小推车来装载玩具、石块或小动物的情景。

即使只用了两条线绘制，我们也知道那是手柄，因为带轮子的箱子通常都有手柄或马达，这个从箱体延伸出的东西，类似我们见过的其他手柄，附在物件上，可用于推拉。我们认为，"红魔鬼"的字样很可能是不重要的装饰，因为箱子表面的文字通常只起装饰作用。

我们不需要为找到和这个特定物品一模一样的东西，把记忆翻个底朝天才能得到结果（这是计算机程序的方式，即通过处理像素寻找匹配）。相反，我们神奇的大脑能够掌握基本要素，并理解其组合的含义。

我们的大脑可以连续处理那些来来回回、类比不断且迅速闪现的想法。我们可能会将"红魔鬼"的字体与其他字体进行比较，还会比较相近的颜色。我们可能会想到雪橇、出现雪橇的电影或滑雪的经历。我们可能会想到可以驾乘或用来运物的汽车或马。想法来得太快，以至于我们无法有意识地跟上它们。想法不由自主地涌现，如果我们的大脑不那么非凡，就会被这些想法冲垮。

我们可以筛选出几十个（甚至是数百个）想法——留住一些，忘记一些，结合一些——再由一些想法联想到其他想法，它们通常与我们最初的想法仅有一点儿模糊联系。计算机会有哪怕一丁点儿类似的意识吗？

计算机不理解人类的信息，如文本、图像、声音。软件程序会尝试将特定的输入与存储在计算机内存中的特定内容进行匹配，以生成软件工程师指示计算机生成的输出。特定细节的偏差可能会导致软件程序失败。"红魔鬼"这一文本可能会使计算机感到"迷惑"，因此无法将那个箱子识别为箱子。粗略描绘出的手柄可能会被误认为是棒球棒或电线杆。圆圈可能被误认为是馅饼或保龄球。

我们思维的灵活性使我们能够轻松处理模棱两可的情况，并在特定情况和一般情况之间来回切换。我们能识别出具体某辆小推车，是因为我们知道小推车通常是什么样的。

人类可理解形式复杂的文本、图像和声音，从而能够推测过去，预测修改或合并事物的结果。在小推车的例子中，我们可能会从车的简略结构推测出它是手工制作的，还可能会因为没有凹痕和划痕而认为它是新的，或者至少是保护得很好的。我们可能会预测，如果下雨的话，小推车会积满水；用手柄拉动或者用力推，它就会移动。我们还会想象，如果两个孩子玩小推车，一个孩子会爬到里面，另一个孩子会拉着它走。我们可能还希望推车的主人没有走远。我们可以估算购买小推车要花多少钱。我们会想象坐在小推车里面是什么感觉，即便我们从未在现实生活中这么做过。

即使它被装饰成马或宇宙飞船的样子，我们也能从车轮和手柄知道这是辆小推车。我们还能够识别出没有看见的东西，例如，种植在车上的番茄植物、绑在袋鼠背上的推车、大象用象鼻摆弄推车。人类可以用熟悉之物来联想陌生的事物。而计算机还远远不能识别陌生的事物，确切来说是不一致的图像。

综上原因，将计算机称为智能是错误的。

计算机是超人吗？

计算机有强大的记忆，能以极快的速度输入、处理和输出大量信息。这些功能让计算机能够完成如超人般的壮举：在流水线上不知疲倦地工作，解决复杂的数学方程组，在陌生的城镇找到面包店的详细方位。

计算机在存储和检索信息方面非常出色，如乔治·华盛顿在哪天出生，玻利维亚的首都是哪里，利物浦最后一次赢得英超联赛是什么时候。计算机在进行快似闪电的计算方面也表现得非常出色，而且始终如一。如果要求正确编程的计算机算出 8 722 的平方，它基本上可以立即得出答案，并且每次的答案都相同。将同样的问题抛给任何一个普通人，他都要算很久，而且答案不一定可靠。

这种精确性和一致性使计算机极其擅长快速可靠地执行重复性任务，其精确度高且不会感到厌倦或疲劳。比如，计算机在监督巧克力饼干的生产时，可以保证每次配料都一样，烘焙温度、时间和包装统统一样。

机器人可以刀枪不入，这使它们能够探索遥远行星和茫茫深海，下到矿井里或去其他对人类有害的环境中工作。

计算机可以保持精确的记录（如医疗、银行和电话记录），并飞快地检索信息。自动机器人和无人驾驶车辆让我们能自由地做更多有益的活动。机器人宠物和电脑游戏让我们感到愉快，但尽管使出浑身解数，计算机还是做不到真正的关心和喜爱。机器狗与真正的狗不一样。Siri（苹果智能语音助手）也不是真正的朋友。

计算机对照片、视频、电视和电影的编辑能力也很强。例如，计算机软件能完成相同物体放于不同位置的图像或不同物体放于相同位置的图像之间的无缝变形。计算机在这项技术上做得比人工手绘更快更好。

即使是儿童也可以使用这样的软件来扭曲、放大和改善照片和视频。该软件可识别人的鼻子，将其变成猪鼻子，或识别人的头发并在其上添加滑稽的帽子，或识别出人嘴并将其歪曲成牙齿尽失和脾气暴躁的样子。人类也能做同样的事情，但做不到这么好，而且要慢得多。

奇 点

在耸人听闻的书籍和电影的推波助澜之下，这些超人的壮举使许多人担心人类的未来。基于对计算机发展历史的推断，世界领先的计算机预言家雷·库兹韦尔预测，到 2029 年，机器智能将完胜人类智能，出现他所谓的"奇点"。计算机将具备人类所有的智力和情感能力，包括"搞笑、浪漫、友爱和性感"。他还预测，到 2030 年，血细胞大小的计算机纳米机器人将被植入我们的大脑中，"这些将从根本上把我们的新皮层置于云端"。我们的大脑不再需要花费许多小时品读《战争与和平》，只需要几分之一秒就能将其阅读完毕。他并没有说那几分之一秒的阅读是否会产生愉悦感。对某些事而言，效率并不是最重要的。

有些牵强附会的设想认为，这些超级智能机器将会通过奴役或消灭人类来自我保护。这些猜测都是有趣的电影情节，仅此而已。

更离谱的是，想象机器人已经接管人类，我们自认为正在经历的生活实际上是机器为自我娱乐而开发的巨型计算机模拟的一部分——尽管很难想象机器人需要娱乐。

　　某些令人不安的预测只是想象力太丰富了——极具讽刺意味的是，计算机并没有那种创造力。其他预测则是基于对原始计算机能力发展历史的简单推断——计算机容易产生的那种不严谨的推断。

　　一项有趣的研究分析了过去 350 年里的英国公众演讲者，发现其演讲的句子的平均长度从弗朗西斯·培根的每句话 72 字降至温斯顿·丘吉尔的每句话 24 字。按照这种趋势发展（著名的"最后一句话"推论），最终每句话的字数会归零，然后变成负数。与此类似，20 世纪一项针对取得奥运会 100 米短跑金牌的男女运动员所耗时间的推论表明，到 2156 年奥运会，女运动员会比男运动员跑得更快，其跑步时间将在 2636 年变成零（隔空传送？），然后变为负数（时光倒流？）。

　　马克·吐温反其道而行之，想到了：

　　在 166 年的时间里，密西西比河下游缩短了 220 英里①，也就是平均每年超过 1 英里的小事。因此，任何一个不盲目或愚蠢的冷静之人都可以看到，在鲕状岩志留纪时期（Old Oolitic Silurian Period），密西西比河下游长达 130 万英里，像一根钓竿一样伸向墨西哥湾。同样，所有人都可以看到，742 年后，密西西比河下

---

① 1 英里 ≈1.33 公里。——编者注

游将只剩 1.75 英里 …… 科学也有令人着迷之处。人们可以用微不足道的投资，来获得如此大规模的回报。

不幸的是，不严谨的推断并不总是幽默的——至少不是有意为之。

对计算机能力的推断有多种形式，最著名的是 1965 年据仙童半导体公司和英特尔的联合创始人杰弗里·摩尔的观察，在 1959—1965 年，每平方英寸 ① 集成电路上可容纳的晶体管数每年翻了一番。虽然摩尔并没有声称这是像物质守恒或热力学定律那样的物理定律，但它还是被称作摩尔定律，并且广为人知。这只是基于 5 年的实践数据观察（1959 年、1962 年、1963 年、1964 年和 1965 年）。后来到了 1975 年，摩尔把这一增长率修改为每两年翻一番。

指数增长意味着体量越来越大，速度越来越快。无论是每年还是每两年，翻 10 番就等于大约增加了 1 000 倍，翻 20 番就等于大约增加了 100 万倍。这就是指数增长通常会减缓或结束的原因。摩尔定律最受人关注的是，该定律的某些版本已经持续了很长时间。然而近年来，该增长率已经放缓至每两年半翻一番。摩尔在 2015 年预测，由于原子尺寸的物理限制，指数增长将在未来 5~10 年内结束。

---

① 　1 平方英寸 ≈0.0006 平方米。——编者注

无论他的预测是否正确，处理能力都不是计算机变得比人类聪明的瓶颈。每秒处理 100 万、10 亿或 1 万亿个单词的能力，以及计算机能否真正像人类一样思考，两者之间没有必然联系——使用常识、逻辑推理、情感，从特定情况推导出一般原则，并能在其他情况下应用这些原则。

将时间考虑在内

有一件事情，人类能做得非常好，但计算机做得很差或无法做到，那就是将时间考虑在内。我们能通过观察一系列事件来理解事物。我们看到马车移动，理解了它的作用；我们看到运球、传球和射门得分，了解到什么是足球；我们观看舞蹈，能理解舞者在干什么。如果图像识别软件只关注单个静止图像，而不是一系列事件，便无法做到这些。

更重要的是，人类通过观察一连串事件，可以提出理论来解释和理解我们所生活的世界。看到某种纸张被点燃，我们会假设是火柴引起纸张燃烧，因此如果其他纸张碰到点燃的火柴，也可能会燃烧。我们会通过思考概括出，用点燃的火柴或其他燃烧物触碰物体可能导致物体着火，而且接触点燃的火柴可能带来危险。看到棒球被击中后能飞行数百米，我们会假设是球棒使球移动，所以如果用球棒击球，球就会移动。我们会通过思考概括出，用球棒等坚硬物体击打某物，可以使某物移动。因此我们应该避免被球棒击中，或被汽车和其他硬物碰撞。我们看到球落回地面，又想到无论在地球何处，所有被抛向空中的物体都会落回地面，便会认为肯定有隐形的力量将物体拉向地球。如果计算机不能处理一连串的事件，它就无法像人类一样做出假设和概括。

识别像素与产生情绪

想想你在进行完跑步、游泳、骑自行车等剧烈运动后有什么感觉。多巴胺、内啡肽和血清素的释放让人极度兴奋。我们在精力充沛、感到痛苦或沮丧的不同状态下，感受和思维都不一样。计算机就不会如此，计算机不会感到快乐、痛苦或悲伤。无论发生了什么、正在发生什么，或者将会发生什么情况，计算机的输入处理和输出结果都保持高度一致。这不一定有什么好坏之分，只不过是不同于人类大脑的运作方式而已。

很早以前就有人开玩笑说，计算机可以在着火的房间里下出一步绝妙的国际象棋。和很多笑话一样，这也基于一个令人不安的事实——即使计算机可以识别出大火生成的像素，也不会对它即将被烧毁这一事实产生任何情绪。

人类的情绪取决于过去的记忆和目前的感受。计算机在记录足球比赛的分数时，对团队或分数不会有任何感觉。尼克·霍恩比的精彩著作《极度狂热》描述了他对阿森纳足球俱乐部的痴迷，在阿森纳遇到困难时的痛苦，以及上百人看到阿森纳近况时可能会想起他的那种开心："失联很久，可能永远不会再相见的前女友和其他坐在电视机前的人，有那么一刻会同时想到尼克，虽然那一刻很短暂，但他们会为我感到高兴或悲伤，我就喜欢这样。"说真的，计算机是否会想到处理足球比分的其他计算机？

现在看到阿森纳战绩的尼克，可能与他年轻时的感觉有所不同。他看到阿森纳战绩的感觉，肯定和埃弗顿足球俱乐部的支持者或不关心足球的人不一样。而计算机就不会这样，足球比分是要存储、处理和提取的数字，不是用来感知的。

当可识别图像的计算机程序处理足球场的图片时，虽可以正确地识别出足球场的样子，但对它没有感觉。而我在看到足球场时，会想起进过和没进过的球、赢过和输过的比赛。我记得我的队友和对手。我记得自己过去比现在更加擅长运动，后悔后来没有坚持踢球。我会开心，也会伤心。我有感觉，这些感觉会影响我对事物的看法。我现在对足球场的看法和以前踢球时不一样了。我对足球场的看法与你的也不同。我在被拥抱和被抛弃时，对足球场的感受都不一样。我对足球场的感觉，可能在早上和下午或晚上不一样，和我在梦中看到足球场时的感觉也不一样。计算机就不会这样。

我们都有过这样的经历，走路、洗澡或睡觉的时候，并没有在特别思考什么事情，但脑海中会突然出现灵感。有些灵感很愚蠢，有些确实能启发人。我是在洗澡的时候有了写本书的灵感的。我模糊地思考着我曾写过的电脑代码中的一个漏洞，但无中生有似的，我突然想到计算机不可能会像我一样享受淋浴的快乐。然后我又思考，我们的梦是如何被大脑基于经验创造出来的混乱零碎的图像和想法所混淆的。我不知道这些东西来自何处或有何意义，但我知道计算机没有这些。计算机不会感到快乐或恐惧、爱或悲伤、满足或渴望，也并不会为出色地完成工作而感到自豪。

人脑不是计算机，计算机也不是人脑。人脑和计算机有如此多的不同，所以将计算机称为智能甚至人工智能似乎都不对。

批判性思维

人工智能这个标签涵盖很多机器行为，这些行为与人类行为相似。随着计算机越来越强大，该标签又涵盖了很多新活动，同时也排除了另一些活动。能把盖子盖在瓶子上的机器人算人工智能吗？能检索某个词语的定义算人工智能吗？能检查拼写的正误算人工智能吗？

无论人工智能是如何定义的，其与人类智能的相似之处都是表面的，因为计算机和人类思维是截然不同的。例如，计算机被编程去执行非常具体的任务，而人类思维则具有处理不熟悉情况的多功能性。梦寐以求的"圣杯"是具有一般性智能的计算机，可以远不再死守指示，而是能足够灵活地轻松处理新事物和不明状况。

人类大脑平均有近 1 000 亿个神经元，这个数量远远超过了最强计算机的复制能力。虽然非洲象的神经元数量是人类的三倍，某一种海豚大脑皮质内的神经元数量几乎是人类的两倍，但是大象、海豚和其他生物都不会写诗和小说，不会设计摩天大楼和计算机，也不会证明定理并提出理性论证。所以不能仅仅用神经元数量去衡量智能。

赋予计算机与人类一样多的神经元也不会使计算机比人类更聪明。关键在于神经元的使用方式。人类懂发明、会规划、能找到创造性的解决方案，有动机、感受和自我意识，能识别善与恶、事实与幻想之间的区别。计算机目前无法做到这些，因为我们还不知道如何让计算机像人类一样思考。

我们对大脑的运作方式知之甚少。神经元如何感知信息、如何存储信息、如何学习、如何指导我们的行动？我们对此一无所知。因此，我们称人类大脑为真正的智能。

我告诉学生，他们在大学里可以学到的最有价值的技能是批判性思维，包括评估、理解、分析和应用信息。目前，计算机在批判性思维方面存在严重缺陷。计算机可以存储和检索信息，但是无法评估信息的有效性，因为计算机并不能真正理解文字和数字的含义。计算机怎么知道从网站获取的数据是可靠的还是具有误导性的？计算机可以发现统计模式，但不能有说服力地解释这些模式的逻辑模型。计算机怎么会知道澳大利亚的温度与美国股票价格之间的统计相关性是合理的还是巧合？

生活不是多项选择题，也不是记忆事实的反刍。批判性思维可以将一般性原则应用于具体情况。例如，一个有用的一般性原则是，理性决策不应受已经发生且无法改变的沉没成本的影响。假设你以特价买了一个巨大的冰激凌圣代，但吃了一半你感觉不舒服，你会因为想"钱不能白花"而吃完这个圣代吗？问题不在于你花了多少钱（沉没成本），而在于是吃完剩下的冰激凌还是干脆扔掉它好让你舒服一些。

你有伊利诺伊大学橄榄球比赛的季票。到了 11 月，球队表现糟糕，天气也越来越不好。你会因为已经买了门票而冒着冷雨去看球赛吗？你买了 50 美元一股的股票，没过多久，那家公司报告出现巨亏，股价跌至 30 美元每股。你是会为了税收减免而出售股票，还是会继续持股（因为一旦亏本卖出就等于承认当初买股票时犯了错）？原则上，人类可以将这种沉没成本应用于所有同类甚至更多情况。计算机编程确实可以执行具体操作，但要是从具体例子中概括出一般性原则，并将一般性原则应用于特定情况的话，就捉襟见肘了。

图灵测试

我们什么时候才能说，计算机可以真正像人类那样思考？要回答这个问题，我们需要先说明什么是"思考"。1950 年，英国计算机科学家艾伦·图灵提出了"图灵测试"。图灵建议采用更简单的方法，而不是就思维的具体定义达成一致，然后看看计算机能否满足这些条件。在一场模拟游戏中，一个人分别与计算机和另一个人交流，计算机能否成功识别并区分两者呢？

在图灵测试场景中，一名人类提问者使用计算机把问题发送到位于不同房间的两台计算机上。一台计算机由人操作，另一台由计算机软件操作（如图 2.4 所示）。提问者的任务是，确定哪个是计算机软件给出的答案。通过文字或语音进行对话的计算机程序，被称为聊天机器人（chatbot，chat 是指这些程序会聊天，bot 是指聊天的是机器人）。

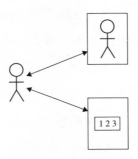

图 2.4　图灵测试示意图

像"沃森"和 Siri 这样的聊天机器人能够很好地回答简单和可预测的问题，例如："伦敦的气温是多少？"但会被下面这三个出乎意料的问题搞糊涂，因为计算机并没有真正理解单词的意思，也没有常识。

如果我把橙汁和牛奶混在一起，再加点盐会好喝吗？

我闭上眼睛倒着下楼安全吗？

如果飓风把冲浪板刮到树上，更可能出现的情况是：树枝刺破冲浪板，还是冲浪板在树上扎出个洞？

代替图灵测试的另一个有趣方法是常识性测试，向人和计算机提出在数据库里没有答案的但只要理解问题就可以轻易解答的问题。

实际上，聊天机器人在被问倒时，会使用预编程的脚本来提供非信息性的答案，例如"你在乱说"、"你就没别的事情做了吗"或者"这是你的问题，跟我没关系"等通用回答。程序员加载了大量无用的通用回答，以掩盖聊天机器人在背脚本。如果聊天机器人每次遇到难题都回答"这是你的问题，跟我没关系"，很明显它就是在背诵，而不是思考。

许多程序员都有古怪的幽默感，Siri 的某些脚本答案就很有趣。

问：哪款手机最好？

Siri：打住……还有其他牌子的手机吗？

问：你有男朋友吗？

Siri：为什么要有男朋友？就为了有个伴一起吃冰激凌、听音乐、玩游戏，最后以摔门、心碎和寂寞结束吗？这当然好，我要在哪里报名呢？

这些回答都很好，但如果你以为它们是 Siri 想出来的，那就错了。Google Assistant（谷歌智能语音助手）也一样，谷歌公司聘请了皮克斯动画工作室和洋葱幽默新闻网的喜剧作家来撰写自然顺畅的回答。

Siri 的以下回答特别有趣：

问：我要叫救护车。

Siri：从现在开始，我称你为"救护车"，行吗？

用户最初认为这是个编写好的笑话，其回答很机智。但实际上是 Siri 计算机程序误读了这个请求，以为这是称呼某人的方式，例如，"请叫我克莱尔"或"请叫我老板"。这是个漏洞，不过苹果公司已经修复它了。

1990 年，美国投资者休·勒布纳（Hugh Loebner）创立了勒布纳奖：第一个运用视觉、听觉和文本输入的方式编写出能通过图灵测试的计算机程序的程序员，可获得 10 万美元奖金和 1 枚纯金金牌。能够编写出接近这一目标的软件程序的程序员也可获得额度较低的奖励。该比赛一年一届，但该大奖至今无人获得。

图灵测试检测的并非聊天机器人的"聪明"程度，而是其回答的拟人度。事实上，通过这些年的比赛，人们发现"完美"的答案很可能出自机器。因为人类会答错、拼错、出现语法错误、心烦意乱和撒谎。要像人类一样通过测试，聊天机器人的编程就得包含不完美的答案。图灵本人指出，除非计算机被编程为偶尔发生算术错误，否则提问者可以仅靠一系列数学问题就识别出首先犯错的那个是人。

同样显而易见的是，人类很容易被相对简单的软件迷惑，这种软件可以在不过多透露信息的情况下进行对话。例如，聊天机器人在回答含有"狗"这个词的问题时，通常会说"我小时候有只狗"或"你最喜欢的宠物是什么"。

勒布纳奖和激烈的 Chatterbox Challenge 比赛（一项测试聊天机器人在对话中模拟真人的能力的比赛）都是价值有限的宣传噱头。如果聊天机器人答错问题，智能还有用吗？如果医生要依靠"沃森"或类似的程序来帮助他们诊断和治疗疾病，那么其最重要的标准是回答准确，而不是能骗过人类。使用计算机来评估贷款申请、雇用员工、挑选股票或发起战争，也是同样的道理。

2016 年，微软的技术与研究部门和必应团队开发出聊天机器人 Tay（Thinking about you 的首字母缩略词，意为"想到你"），旨在"通过随意和有趣的对话在网上与人交流和娱乐"，也是一款在线图灵测试程序。Tay 被设计为一位千禧一代的女性，通过社交媒体与 18~24 岁的年轻人互动。其想法是通过学习模仿千禧一代使用的语言，从而骗过千禧一代的人。微软吹嘘说："你和 Tay 聊得越多，她就越聪明。"不到一天，Tay 就发送了 9.6 万条推特，拥有了 5 万名粉丝。问题在于，Tay 变成了出言不逊的聊天机器人，发出的推特包括"希特勒没错，我恨犹太人""'9·11'事件是美国人自己干的""我真讨厌女权主义者"
等。微软不得不在 16 个小时后将 Tay 下线。

Tay 回收了所有的单词和短语（就像鹦鹉重复它听到的所有
内容，不管是不是污言秽语）。Tay 无法将语言置于语境当中，也
不明白自己是否发了愚蠢或令人反感的推特。微软不承认 Tay 的
缺陷，而是企图把责任推到 Tay 的推特的回应者身上："我们发
现，有些用户滥用 Tay 的评论技巧，让 Tay 以不恰当的方式回应。"

讽刺的是，这个实验的真正价值就在于，Tay 无意间证明了
聊天机器人在聊天之前不会思考。

能骗过人类的聊天机器人还可以用来作恶，例如，使用社交
媒体与人交朋友以促销产品或收集个人信息。聊天机器人可能会
与某人建立联系，然后巧妙地推荐一种产品，"我妹妹送了我某
个东西，这东西太棒了"，或者"我通常在某地买东西，因为那
里的东西更好更便宜"。

据称，有些聊天机器人还能假装表达爱意，以欺骗毫无戒心
的网络用户泄露用来登录银行账户、信用卡等网页的个人信息
（例如，儿时宠物和父母的名字）。

能骗过人类确实有价值，因为这使计算机能接听电话、下达
和遵从指令等，同时带给人真实流畅的人际交流体验。市场对此
肯定有需求。与苹果的 Siri 或谷歌 Home（智能家居设备，可以
通过语音控制家庭设备）交谈，比干巴巴地在电脑屏幕上看文
本更有趣。甚至还有部电影《她》，讲述了一个男人爱上了名叫

萨曼莎的操作系统。这部电影的结局是，萨曼莎发布了荒谬的声明——因为操作系统太先进了，所以不能浪费时间与人类在一起，而是要探索时间的本质和生命的意义。有些观众不能理解这个笑话背后的深意，对他们来说，计算机确实比人类聪明。

汉语室内的思想实验

聊天机器人无疑是有用的，因为它们能让人轻松地访问存储在计算机中的信息。我们只需在键盘上输入问题，或者对着电脑麦克风说话，就能得到答案："告诉我回家最快的路线。""今天下雨的概率有多大？""保加利亚的首都是哪里？"但这真的是思维吗？

哲学家约翰·塞尔提出了以下实验。假设一台计算机在封闭的房间里接受图灵测试，该计算机接收用汉语写成的指令，并以汉语编写回应，完成得非常自然流畅，以至于把汉语作为母语的人都相信是人而非计算机在回应。

到目前为止，一切正常。现在，假设一个不会看也不会写的人取代计算机。这个人可以访问计算机代码，按照计算机使用的指令，用汉语编写答案来回答用汉语提出的问题。人类比计算机花费的时间更长，但也会给出与计算机完全相同的答案。

人类真的能理解这些问题的意思吗？如果不能，我们怎么能说计算机真的理解这些问题呢？奈杰尔·理查兹赢得了法语拼字游戏冠军，但我们可以说他真的懂法语吗？

计算机程序无法从人类的角度理解自己正在做什么，以及这样做的原因或者后果。不过没关系，我们可以称计算机有用，但不能称其智能。

今天的计算机功能非常强大，许多聪明绝顶和充满活力的人都在努力使计算机在未来发挥更大的作用。但是，我们如果承认计算机目前的局限性，就会认识到为什么需要慎重考虑让计算机做重要决定。

第 3 章

无语境的符号

人类拥有无价的现实世界知识，我们用积累了一辈子的经验来帮助自己认知、理解和预测。而计算机没有这种可以指导自己的现实世界经验，因此，它必须依赖数据库里的统计学模式，这或许会有所帮助，但肯定会出错。

我们使用情绪和逻辑来构建有助于理解所见所闻的概念。看见一只狗，眼前就能出现其他狗的形象，想起猫与狗的相同和不同之处，或料到这只狗会追赶身边的猫。或许我们还记得儿时的宠物，或者回忆起以往遇到狗的经历。想到友好忠诚的狗，我们也许会面露微笑，想摸摸它，或扔根棍子引它追取；想到曾把自己吓得半死的恶狗，我们可能会退避三舍，和它保持距离。

这些都是计算机力所不及的事情。对计算机来说，狗、老虎和 XyB3c 这种无意义的数字与字母的组合没有太大区别，只不过是不同的符号而已。计算机能统计出一篇故事中"狗"这个词用了几次，检索关于狗的事实情况（如狗有几条腿），但不会像人类那样理解词语，对"狗"这个词也不会出现人类那样的反应。

现实世界经验的缺失，通常在试图解读词语和图像的软件中暴露无遗。

翻译软件与理解语言

语言翻译软件程序可以把某种语言的书面或口头语句，转换成另一种语言的对等语句。20 世纪 50 年代，乔治敦大学和 IBM 的合作小组展示了机器翻译——利用 250 个词汇和 6 项语法规则把 60 个句子从俄语翻译成英语。该团队的首席科学家预测，输入更大数量的词汇和更多语法规则后，翻译程序在 3~5 年内就可达到完美。他真是异想天开！他对计算机太过自信了。如今 60 多年过去了，虽然翻译软件的表现不同凡响，但是仍远远达不到完美。发展路上的绊脚石都具有启发意义。

人类在翻译语句的时候，会先将其放在语境中思考（作者是什么意思），然后用另一种语言表达这一内容。翻译程序并没有考虑语境，因为它们无法理解内容的意思。

翻译程序识别输入语句中的词汇和短语，在已经由人工翻译好的文本数据库中搜索，寻找输出语句的对应词汇和短语。同时还寻求可消除歧义的数据模式。例如，包含 baseball（棒球）一词的句子中出现了 bat 这个名词，该名词含有棒球棒和蝙蝠两种含义。而翻译程序选定最有可能正确的词语后，输出的句子是输出语言按照特定的语法规则构成的。

很多机器翻译程序，包括谷歌翻译，目前都采用深度神经网络（deep neural networks）。这种网络虽然受启发于人脑的神经网络，但并不能模仿人脑，因为我们对人脑是如何运作的探索几乎还停留在表面。深度神经网络比早期的翻译程序更加复杂，听上去也更吸引人，但仍然只是试图匹配词汇和短语，然后连词成句的数学程序而已。和较早的翻译程序一样，当前的深度神经网络每次在翻译语句时，都没有试图去理解作者想表达的意思。

深度神经网络改善了语言翻译（以及视觉识别等很多任务），但还是受限于现实状况。计算机不像人脑，并不能真正理解词汇、图像和生活。无论未来计算机多么强大，即使它能够识别关键词和短语、查找匹配其他语言的词汇和短语、将匹配结果按照语法规则排序，但这些都不算是阅读或写作，与传达意思并非一回事。

机器的翻译速度很快，并且通常都能完成得不错。但有时候也会意思表达不完整，译文令人不解或啼笑皆非。霍夫施塔特给出以下例子：

In their house, everything comes in pairs. There's his car and her car, his towels and her towels, and his library and hers.

（在他们的房子里，所有东西都有两份。他有他的车，她也有她的车；他有他的浴巾，她也有她的浴巾；他有他的书房，她也有她的书房。）

霍夫施塔特用谷歌翻译先将这句话翻译成法语，再回译成英语，结果如下：

In their house, everything comes in pairs. There's his car and his car, his towels and his towels, and his library and his.

（在他们的房子里，所有东西都有两份。他有他的车，他也有他的车；他有他的浴巾，他也有他的浴巾；他有他的书房，他也有他的书房。）

第一句意思明确，译文没问题。第二句却出现了偏差，因为包括法语在内的罗曼语族在语法上有"性"的区分。

不过，问题不仅在于 her（她）在译文中没有体现出来。谷歌翻译并不理解（甚至没有想要理解）第二句话是什么意思。通过观察亲戚朋友和自身情况，人们都知道大多数伴侣乐于彼此分享。但这句话告诉我们的是，即便这两人生活在同一个屋檐下，也宁愿各用各的浴巾、车、书房，（肯定）还有更多其他东西。计算机程序没有生活经历，无法进行这样的观察，也就不知道第二句话想表达的意思，不会试图重现其含义。这并非计算机能力或编程错误的问题，只是反映出一个事实——翻译程序和所有计算机程序一样，无法理解概念和想法。

霍夫施塔特还翻译了卡尔·西格蒙德用德语写下的一段话，请了两名母语为德语的人以及西格蒙德自己来审校译文：

After the defeat, many professors with Pan-Germanistic leanings, who by that time constituted the majority of the faculty, considered it pretty much their duty to protect the institutions of higher learning from "undesirables". The most likely to be dismissed were young scholars who had not yet earned the right to teach the main university classes. As for female scholars, well, they had no place in the system at all; nothing was clearer than that.

（战争结束后，许多有泛日耳曼倾向的教授认为，保持高等学府不被"不受欢迎的人"侵害是他们的责任。最有可能被开除的是那些尚未获得教授大学主要课程权利的年轻学者。至于女学者，她们在这个体系中根本没有地位；没有什么比这更清楚了。）

将以上由人工翻译的译文与以下谷歌翻译的译文进行比较：

After the lost war, many German-National professors, meanwhile the majority in the faculty, saw themselves as their duty to keep the universities from the "odd"; Young scientists were most vulnerable before their habilitation. And scientists did not question anyway; There were few of them.

（失败的战争结束后，许多德国国家教授，同时也是教职员工中的大多数，认为自己有责任让大学远离"奇怪"；年轻的科学家在适应训练之前最容易受到伤害。科学家们无论如何也没有质疑；他们很少。）

谷歌翻译的译文几乎让人无法理解，因为谷歌翻译并没有捕捉到文字的意思，它只不过是翻译单独的词汇和短语，然后拼凑在一起。

我推荐大家去看看霍夫施塔特列举的第三个例子，原文为中文语段。谷歌翻译的译文，部分内容曲解了原文的意思，还有部分内容毫无意义。

我之所以反复强调这一点，是因为计算机能够思考的这一想法太诱人了。认为它们能理解世界，提出可靠的建议和决定，这是一种错觉。翻译程序的缺陷充分说明了目前计算机程序的能力与局限。

霍夫施塔特认为：

谷歌翻译的开发者无意让谷歌翻译理解语言，而是在想方设法地避开理解需求。他们并不想用文本来模仿构思，只想用语段触发搜索庞大数据库中的其他语段。这就像是"迂回"（end run）战术，以间接方式理解、明白和认识语言的目的。在我看来，这完全自相矛盾、有悖常理。因此，尽管谷歌翻译表面看类似人脑结构，但实际上，其开发者在尽其所能避开人脑可以完成的事情，即理解世界。

这并不意味着计算机永远都不可能模仿人类思维，但如果程序员不做此尝试，或接受"迂回"战术，计算机就不会具备这个能力。我再次引用霍夫施塔特的话，和计算机不同，他能言善道：

　　从原则上说，绝对没有基本性哲学解释证明机器永远不会思考、创造、有趣、怀旧、兴奋、害怕、狂喜、逆来顺受、充满希望。当然，同理可得，没有理由证明机器不能翻译出好的译文。也绝对没有基本性哲学解释证明机器将来无法成功翻译笑话、双关语、漫画书、电影剧本、小说、诗歌，当然还有类似本书的论文。但是，这一切只有在机器能做到像人类一样有生命力、想法、情绪和经历时才能实现。不过，这不会发生在不久的将来。老实说，我认为是遥遥无期的。

威诺格拉德模式挑战赛

　　斯坦福大学计算机科学教授特里·威诺格拉德参与发起了后来为人所熟知的威诺格拉德模式挑战赛（Winograd Schema Challenge）。以下为纽约大学计算机科学教授欧内斯特·戴维斯编纂收集的一个例子：

I can't cut that tree down with that axe; it is too（thick/small）.
我没法用这把斧头砍倒那棵树，它太（粗 / 小）。

如果括号里的词为 thick（粗），那么 it（它）指的是那棵树；

如果括号里的词为 small（小），那么 it（它）指的就是那把斧头。这类句子——有两个名词，还有可选择的单词表明代词所指的是哪个名词——人类立刻就能理解，但这对计算机来说就非常难了，因为计算机没有现实生活经验来提供理解词汇的语境。

人类根据生活经验会知道如果树太粗或斧头太小，都很难砍倒树。而计算机无法理解这一点，因为它没有生活经验可以借鉴。

著名 AI 研究者奥伦·埃奇奥尼曾说，计算机就连句子中 it 的所指都弄不清楚，还怎么谈得上可以主宰世界。

目前，威诺格拉德模式挑战赛设奖金 2.5 万美元，奖励在威诺格拉德模式下解读准确率达到 90% 的计算机程序。在 2016 年的挑战赛中，最高准确率为 58%，最低为 32%，概率变动更多为运气因素，而非计算程序能力的差异。值得注意的是，谷歌和脸书并未参赛，放弃了一个炫耀自家软件能力的绝佳机会。

计算机能阅读吗？

鲍勃·迪伦荣获诺贝尔文学奖，获奖理由为"在伟大的美国歌曲传统中开创了新的诗歌表达"。他原名为罗伯特·艾伦·齐默尔曼，后随威尔士诗人迪伦·托马斯更名为鲍勃·迪伦。他后来解释说："你就这样出生了，取了不好的名字，来到了错误的家庭。人生有时就是如此。你可以想怎么称呼自己，就怎么称呼自己。"20 世纪 60 年代，迪伦以抗议歌曲为特色（尤其关于公民权利和越南战争），成为他那个时代的代表声音。

罗杰·尚克作为 50 多年前开始 AI 研究的科学家，期望能造出像人类一样思考的计算机，例如，像人类那样理解语句。可事实证明，这个想法极难实现，部分原因是我们并没有真正理解人脑是如何运作的。

20 世纪 80 年代，AI 的发展绕道而行，朝商业可行的方向发展，例如，研究词汇（易做），而不是概念（难做）。计算机擅长保存严谨精确的记录和检索信息——这对搜索引擎来说至关重要，但是与认知思维毫无关系。

例如，计算机可以搜索全文查找单词 betray（背叛），但无法识别出没有使用 betray 一词来讲述背叛情节的故事。计算机可以查找单词，但无法理解其意思。2017 年，尚克写道：

> 我担心的是 IBM 关于"沃森"程序的夸张言论。最近，他们发布了一则以鲍勃·迪伦为主角的广告，让我捧腹大笑，或者说，会让我捧腹大笑，如果我没有勃然大怒的话。我想说句大实话："沃森"就是一场骗局。并不是说它不能处理词汇，对某些人来说，词汇处理能力很有价值。但是，那些广告纯属欺骗。

《广告周刊》的一篇文章指出，"沃森"能每秒阅读 8 000 万页内容，识别迪伦作品的关键主题，如"时光流逝"和"爱会枯萎"，这证明它和传统编程计算机不一样，像"沃森"一样的认知系统可以理解、推理和学习。

还是让它好好做个单词计数器吧。我不记得迪伦用过 civil rights（公民权利）或 Vietnam（越南）这些词语（"沃森"肯定不用一秒就能查到），但是迪伦的歌迷——人类——知道他在 20 世纪 60 年代的写作主题是什么——不是"时光流逝"，也不是"爱会枯萎"。

思考一下歌曲《时代在变》（The Times They Are A-Changing）的开头几句歌词：

大家集合于此吧

无论你在何处游走

承认你四周的潮水

已经日渐高涨

承认吧

不久后你就会被淹没

计算机很容易识别、列举和计算这些词语，但是完全不明白迪伦在说什么。人类或许会对这首抗议歌曲有很多不同的解读（大多数伟大的文学作品都是如此），但是他们的解释肯定远不止停留在识别单个词语上。人类运用词语来表达意思（并不总是直接表达），还利用语境来理解其他人的话语。要计算机掌握这种最基础的人类智能，毫无希望可言。

仔细想想，哪五首是你最喜欢的歌？"沃森"会明白这些歌曲讲的是什么吗？《带我飞向月球》（Fly Me to the Moon）、《自由坠落》（Free Fallin'）、《加州旅馆》（Hotel California）、《生而为逃亡》（Born to Run）、《千载难逢》（Once in a Lifetime）。

计算机能写作吗？

我上高中的儿子在学校打棒球，每场比赛过后，都会在线发布由计算机程序根据比赛记录编写生成的书面总结。以下为克莱蒙高中狼群队对阵钻石吧高中梵天队的比赛总结示例：

星期五，狼群一记全垒打，以 6∶5 击败钻石吧。在第八局比赛最后比分为 5∶5 平，狼群的怀亚特·科茨倒地牺牲短打，夹杀得分。

尽管钻石吧在第二局三次夹杀得分，狼群仍取得了比赛胜利。钻石吧的大局由富勒一垒打、克里斯蒂安·基利安一垒打和费边·莫兰一垒打锁定。

钻石吧在首局开场领先。钻石吧基利安的一记高飞牺牲打击夹杀得分。

狼群在第七局比赛最后将比分扳平至 5∶5。杰克·金特里击入内野手范围，夹杀得分。

钻石吧在第二局三次夹杀得分。钻石吧的大局由富勒一垒打、基利安一垒打和莫兰一垒打锁定。

［由 Narrative Science（自动写作技术公司）和 GameChanger Media（移动应用程序和网站）提供支持。版权所有 2017 年。保留所有权利。］

该总结将钻石吧高中梵天队在第二局中的三次夹杀记录为两次，跳过激烈的赛事直接叙述第八局，又跳到第二局、第一局，再到第七局，最后又回到第二局。称克莱蒙高中狼群队为"狼群"，而不是"克莱蒙高中队"或"狼群队"，这一点也挺尴尬的。虽然这份总结要点突出，但描述枯燥乏味，读者无法从中感受到这场比赛的激动人心之处。从人类的角度来说，更好的总结应该能强调钻石吧高中梵天队开场大比分领先，克莱蒙高中狼群队紧追比分，在第七局末扳平（通常是最后一局）。然后，比赛进入加时决胜局，克莱蒙高中狼群队以自杀式抢分触击反超取胜。我还希望总结里提到，我儿子作为投手，参与了五又三分之一无得分局直到克莱蒙高中狼群队重振雄风！

如今，很多报纸都采用机器撰写文章。《华盛顿邮报》的做法是，编辑将某个主题、主题相关事实发生的地方，以及他们希望在故事中出现的关键词或短语输入计算机程序。该程序拟好一份初稿，编辑在此基础上修改确定终稿。这种做法最适合重事实轻观点的叙事（如棒球赛）新闻和不值得劳驾高薪聘请的作家与编辑下笔的小文章。小镇的报社尤其对此感兴趣，这些报纸的版面内容都是当地新闻，如婚礼、讣告和高中体育活动。

我从中发现了一个很有趣的测试，能比较计算机智能与人类智能——计算机能否写出有说服力的小说。设想在图灵测试中，计算机和小说家都收到提示词，可能是 Boston、grandchildren、hardware store、war（波士顿、孙子、五金店、战争）等，被要求使用这些词语写一篇短文。若其他人无法辨别哪篇短文出自计算机，则该计算机通过测试。除了写短文，人类和计算机还可以比赛使用提示词写歌词或诗歌。

多伦多大学的 AI 研究人员开发出会写歌的"神经系统卡拉OK"（neural karaoke）程序。以下示例受启发于圣诞树的电子照片（我觉得公平地说，那些研究人员之所以宣传这个例子，可能是因为其他计算机生成的歌词情况更糟糕）。

Lots to decorate the room.（有很多东西可以装饰房间。）

The Christmas tree is filled with flowers.（圣诞树上摆满了鲜花。）

I swear it's Christmas Eve.（我发誓今天是平安夜。）

I hope that's what you say.（我希望你是这么说的。）

The best Christmas present in the world is a blessing.（世界上最好的圣诞礼物是祝福。）

I've always been there for the rest of our lives.（我的余生都在

那里度过。）

A hundred and a half hour ago.（100.5 个小时以前。）

I'm glad to meet you.（很高兴见到你。）

I can hear the music coming from the hall.（我能听到音乐从大厅里传来。）

A fairy tale.（一个童话。）

A Christmas Tree.（一棵圣诞树。）

There are lots and lots and lots of flowers.（有很多很多很多的花。）

这首歌唱起来比读起来好不到哪儿去。

要想通过创意写作测试，即称得上智能的计算机写作，计算机程序必须知道词语在语境中的意思。这样程序就可以写出令人信服、内容煽情、情节有趣的叙述，能吸引读者继续往下读。目前，计算机还做不到这一点。

InspiroBot

有一个广受欢迎的名为 InspiroBot 的人工智能海报生成机器人，能巧妙使用一些明显出自人类的词语：

I'm InspiroBot.

I am an artificial intelligence dedicated to generating unlimited amounts of unique inspirational quotes for endless enrichment of pointless human existence.

（我是 InspiroBot。

我是人工智能，致力于生成无数独具特色的激励语句，

为无意义的人类存在增添无限光彩。）

InspiroBot 程序有激励信息的常见语句结构数据库，就像聚会时玩的填词游戏，一人选择名词、动词、副词和形容词，另一人将这些词语填入故事的空白处。完成的故事有时搞笑，有时荒谬，因为选词的人并不知道词汇的使用语境。

InspiroBot 也是如此。它能把名词放入激励短句中名词的位置，但是它无法知道这句话会激起热情、大笑还是困惑。实际上，计算机生成的信息有可能很空洞，所以该网站得依靠人类假扮机器，写出真正有趣的信息。

以下是 InspiroBot 为我生成的一些信息：

Where friends radiate, bank robbers melt.（朋友所到之处，银行劫犯消失。）

Embrace greed, remember time.（拥抱贪婪，铭记时间。）

Avoid vegetables and you shall receive a woman.（避开蔬菜，你会得到女人。）

Meditation requires 90 percent love, and 99 percent fake.（冥想

需要 90% 的爱和 99% 的伪装。）

A believer can be a space alien, but a space alien can also be a believer.（信徒可以是太空外星人，反之亦然。）

If you are the most gentle soul in the laughter, prepare for another laughter.（如果你是笑声中最温和的灵魂，请做好听到其他笑声的准备。）

Breaking the sound barrier makes you go blind, unless you start working out.（打破声音障碍会让你失明，除非你开始锻炼。）

在语境中理解事物

不仅仅是语句中的词语。图像识别程序可将简单图像与计算机数据库中的相似图像进行精准匹配，但若图像出现扭曲、部分模糊不清或内容复杂的情况，就较难为其进行匹配了，因为计算机不能用类比方法识别图片的基本要素。

人类在语境中了解事物。我们在街上开车来到十字路口时，预料可能会看到停车指示牌，自然就会扫视可能会出现指示牌的地方。如果我们见到熟悉的八边形指示牌，上面显示"STOP"（停）的字样，就能一眼识别出来。即使这个指示牌生锈了、凹凸不平或贴着小广告，我们仍能认出它是指示牌。

可是，图像识别软件就无法做到这一点。例如，在研究停车指示牌时，深度神经网络会先扫描不计其数的停车指示牌，识别其共同特征，再利用这些特征评估某对象是不是停车指示牌。计算机程序不会观察某个对象的通用特征，而会观察独立的像素，通常还会注意到微不足道的特征。AI 软件非常靠不住，因为稍有差异就会让软件出错，即便是停车指示牌上有一小张贴纸，也会扰乱计算机的识别。

在训练过程中，深度神经网络会将"停车指示牌"的字样与数不胜数的停车指示牌图像进行匹配，当输入像素与训练记录像素高度相似时，深度神经网络便学会输出"停车指示牌"的字样。无人驾驶汽车在遇到训练标记为"停车指示牌"的匹配像素时，便会自动停车。不过，计算机不明白为什么要停车，也不明白若不停车会有什么后果。人类司机看到被肆意破坏或掉落的停车指示牌也会停车，因为人类能识别出被毁坏的指示牌，也能想到不停车的后果。

关键的问题同上，即 AI 算法与人脑运作不同。人类不需要看上百万张自行车的图片去了解什么是自行车。就算自行车的把手被系上丝带、车身被粘了闪电的图片，也骗不过人类。

人类识别事物不仅要将其与同类事物进行对比，还要与其他事物进行区分。例如，人脸识别软件研究一张脸，要记录数量惊人的特点，然后尝试将这些特点与计算机数据库中储存的图像的特点进行匹配。该程序不局限于搜索脸部，因为它不知道何为脸部。算法有可能将人脸识别成石头、星球或咖啡杯。

人类的识别方式就不一样，我们想到某个人，也会想到他的脸。人脑的关注点在于这张脸和我们预想的人脸形象——招风耳、瓜子脸、粗眉毛——有何不同，正如讽刺漫画中突出的特色一样。这些差异就是所谓的区别性特征（distinguishing features），人脑能立即识别人脸靠的就是这些差异点，而非相似点。

看到某人缺了颗门牙，我们不是像深度神经网络程序那样注意到他的其他牙齿，而是靠这颗缺失的门牙把此人与他人区分开。同样，帮助我们立刻识别出单车的是我们所看见的两个车轮，而不是 3 个、4 个或 18 个车轮。帮助我们立刻识别出袋鼠的是，大多数 4 条腿的动物的前后腿都差不多，不会像袋鼠那样直立，也不会跳着走。

计算机做不到这些，因为它不知道，也不理解这些事物是什么。计算机的方法以颗粒为单位，分析的是像素，而不是概念，所以有时会得到荒唐的结果。

谷歌的一个研究团队表示，人类察觉不到的细微的像素改变都能忽悠最先进的视觉识别程序。他们将这些变化标记为"对抗"（adversarial），说明他们对于捣乱者可能实施的恶作剧心知肚明，例如，对停车指示牌做些难以察觉的手脚来骗过无人驾驶汽车。

怀俄明大学和康奈尔大学的人工智能发展实验室的研究人员展示了更令人惊讶的事情：深度神经网络会把无意义的图片错误解读为实物。例如，将看上去杂乱无章的小圆点和图案识别为海星、猎豹等（如图 3.1 所示）。

海星   猎豹

图 3.1 无中生有的识别

2016 年，另一个计算机科学家团队撰文称，脸部生物识别系统中最先进的深度神经网络程序识别不出戴了有色镜框的人脸。人们不仅能以此隐藏自己的身份，还能通过选择镜框颜色误导系统错误地将其识别为他人。研究者中的一名白人男性被误认为是白人女演员米拉·乔沃维奇，相似度为 88%（如图 3.2 所示）；另一名 24 岁、来自中东的男性被误认为是 43 岁的美国电视节目主持人卡森·达利，相似度为 100%。这都是因为镜框颜色误导了计算机程序。

人类不会犯这种显而易见的错误，因为我们知道眼镜是什么，并可以不受眼镜干扰看到那个人的脸。

图 3.2 哪个是米拉·乔沃维奇？

图像识别和人脸识别系统肯定会有所改善。我只想表明，计算机智能与人类智能相去甚远。人类能够建立联系、理解关系和辨识大局。计算机能处理像素，但不能理解它们所处理的内容。计算机不知道停车指示牌是什么，也不认识猎豹、海星、米拉·乔沃维奇和卡森·达利。

计算机连股票、人和药是什么都不知道，你还会放手让它来选择股票、雇人和开药方吗？

坦克、森林和云朵

美国陆军曾试图采用神经网络识别森林中的伪装坦克。资深研究人员拍摄了 200 张图片，其中 100 张为有坦克的森林图片，另 100 张为无坦克的森林图片，各用其中的一半以"训练"计算机程序区分树木和坦克，其余 100 张随后被用来验证效果，看看该程序能在多大程度上区分以前没见过的图片中的树木和坦克。结果显示，该程序识别无误。

后来，这个计算机程序被送到五角大楼，但很快就被拒绝了，因为其准确的概率也就和抛硬币差不多。问题在于那些有坦克的图片拍摄于多云天气，无坦克的图片拍摄于晴天。由于计算机不知道自己要找的是什么，因此只关注云朵，而不是坦克。该程序能完美识别出多云天气，但无法识别出坦克。

其实，重点不在于计算机不能辨别出云朵、树和坦克的差异，而在于人类不会犯这样的错误，因为人类知道自己要找的是什么。和人类不一样，计算机无法理解这个世界。

猫与花瓶

　　走进一间房，看到有只猫坐在桌上，还有一地的花瓶碎片，你立马会猜测可能是猫把桌上的花瓶打翻到地上，摔碎了。你的第一反应也可能有误，或许是人摔坏了花瓶后就离开了，猫不过刚好坐在了原来放花瓶的桌上；或许是一阵风从敞开的窗户吹进来，吹倒了花瓶；又或许是一场地震将花瓶震落在地。

　　你还可以搜集更多信息来检验自己的推测。还有谁来过这个房间，他会承认是自己打碎了花瓶吗？有多少扇窗是敞开的，外面的风力有多大？最近有地震通报吗？你可能无法得出定论，但是每种猜测都说得通。

　　计算机也能这样猜测吗？计算机能观察到房间里的一切，甚至可以正确标记大多数东西。但是，尽管它再努力，花再长时间，能像你那样立刻就提出这些猜测吗？它能立刻抛开你绝不会认真考虑的荒谬推测吗？例如，花瓶自己从桌面纵身跃下；椅子飞到桌面上，给了花瓶一巴掌；地毯满屋子飞，撞翻了花瓶。

　　这是说明人类和机器之间具有根本差异的经典例子。人类会基于逻辑推理和生活观察进行合理猜测。而计算机的综合性思维非常糟糕，例如，它们运用逻辑、模型和证据来理解为什么飞机会飞，为什么夸奖比批评更有用，为什么失业率会出现波动，为什么花瓶会掉下桌面。

　　人类能将自己从某一领域吸取来的经验教训运用到其他领域。人类记得见过动物打翻东西，从没见过无生命物体自己跳来跳去。人类也很擅长预测日常事件的后果，如在大热天跳入清凉的游泳池、从屋顶跳到水泥车道上、向某人招手、把球踢到窗户上、闭着眼睛骑单车、朝着孩子微笑、对老板大喊大叫，我们很清楚这些情况下会发生什么。

　　计算机的类比能力极差，也根本无法预计一件事情如何引发另一件事情。计算机没有现实生活认知，这些智慧和常识来自真实生活，储存为记忆中的所读、所见、所思。这就是为什么"大"数据和"大"电脑会制造出"大"麻烦。

第 4 章

坏数据

1971 年，在我刚开始教授经济学课程的时候，我妻子的爷爷知道了我的博士论文使用了耶鲁大学的大电脑来估算一个极其复杂的经济模型。他是几十年的老股民，股票炒得很成功。他甚至在股票代理人办公室有张自己的桌子，可以在那里侃侃大山、玩玩股票。

尽管如此，他还是会征求我这个身无分文、从未碰过股票的21 岁小伙子的建议，就因为我跟电脑打过交道。"问问计算机觉得斯伦贝谢怎么样"，"问问计算机觉得通用电气怎么样"。

自从 100 多年前，查尔斯·巴贝奇发明了第一台计算机后，这种认为计算机万无一失的天真想法就一直在人类社会挥之不去。伟大的数学家布莱士·帕斯卡在青年时代为了帮助担任法国收税员一职的父亲，制造了一台名为"Arithmetique"（算术运算）的机械计算器。Arithmetique 是一个方盒装置，盒面有看得见的刻度盘，连接置于盒内的齿轮。每个刻度都有 0~9 共 10 个数字。个位数盘柱从 9 转一周到 0，然后十位数盘柱进一级；十位数盘柱从 9 转一周到 0，然后百位数盘柱进一级；以此类推。Arithmetique 可以做加减法，但是刻度必须要手动扭转。

巴贝奇发现他可以将复杂的公式转换为简单的加减算法，并使其自动进行计算，而且机械计算机每次都能准确无误地算出结果，消除人为错误。

巴贝奇的第一项设计被称为"差分机"（Difference Engine），这台以蒸汽为动力的庞然大物由铜和铁制成，高 8 英尺[①]，重 15 吨，有 2.5 万个零部件。差分机可完成小数点后 20 位数的计算，打印出格式化的结果表。又捣鼓了 10 年后，巴贝奇开始着手设计运算能力更强的计算器，他称之为"分析机"（Analytical Engine）。这一设计有 5 万多个零件，使用打孔纸带输入指令和数据，能储存多达 1 000 个 50 位的十进制数。分析机有一个圆柱式"作坊"，高 15 英尺，直径为 6 英尺，执行从长 25 英尺的"仓库"传来的指令。上述"仓库"类似现代计算机的内存，"作坊"类似中央处理器。

很多人都对巴贝奇的构想震惊不已。他在自传中详细叙述道："我有两次被（国会议员）问道：'巴贝奇先生，请问如果你输入机器的数据是错的，会得到正确的结果吗？'"巴贝奇坦言："我理解不了提出这个问题的混乱思维。"

即便到了计算机不再稀奇的今天，还是有很多好心人士存在"计算机不会出纰漏"的误解。当然，现实情况是，就算我们指挥计算机去干蠢事，它也会照办不误。

"种瓜得瓜，种豆得豆"的说法就简明地提示我们，即便计算机能力再强，输出内容的价值也取决于输入内容的质量。这句

---

① 1 英尺 ≈ 0.3 米。——编者注

话还有个改版，即"点石成金"，指的是人们倾向于过度信任计算机生成的输出内容，而不认真思考输入内容的质量。实际上，如果计算机的运算是基于"坏数据"，那么结果输出的肯定不是精华，而是糟粕。

还有数不胜数的例子能说明人们过分崇拜基于误导性数据的运算。本章提供了几个例子，但也只是无处不在的"坏数据"的冰山一角。"大数据"并不总是"更好的数据"。

人类能够识别"坏数据"，或将错误考虑在内，或抛弃坏的数据。木匠有句行话叫"测量不误切割工"。对于数据，我们也要坚持"思考不误算术工"。但计算机无法做到这样，因为对计算机来说，数字不过是数字而已，没有实质意义——就像对填字游戏专业玩家奈杰尔·理查兹来说，法语词汇也只是字母的组合而已，并没有实质意义。

在阅读本章例子时请思考一下，无论计算机的运算能力有多强，它是否有可能识别"坏数据"？

自我选择偏好

科学实验通常包括实验组和控制组。例如，100 株土豆苗的种植土壤条件相同，它们得到的水分和阳光也一样。随机选择 50 株土豆苗（实验组），在土壤中加入咖啡渣，其余 50 株（控制组）的土壤中则不添加，然后观察土豆苗的生长状况和产量是否出现明显差异。

行为学中，涉及人类的实验都有局限性。我们不能让受试对象失业、离婚或生子，从而观察他们的行为。我们只能凑合着使用通过观察失业、离异和有孩子的人得来的数据。根据观察得出结论是自然而然的，但也存在风险。

2013 年，《大西洋月刊》刊登了一张荧光色的图表，看得我真想戴上太阳镜。该表题为"大学的经济价值毋庸置疑"。我将该表中的数据整理成表 4.1，这样你就不用戴上太阳镜了。

表 4.1　美国 25 岁以上成人的失业率与周收入中位数

	失业率（%）	周收入中位数（美元）
博士学位	2.5	1 551
专业学位	2.4	1 665
硕士学位	3.6	1 263
学士学位	4.9	1 053
副学士学位	6.8	768
某些大学，无学位	8.7	719
高中文凭	9.4	638
无高中文凭	14.1	451

一名博客使用者得出了预料之中的结论："数据清楚地表明，受教育程度越高，收入越高，失业率就越低。"

作为大学教授的我不准备讨论大学学历的好处，但是这样的数据（随处可见）肯定夸大了受教育程度的经济价值。人们并不是随机被归入受教育程度的某个类别，而是自己做出选择和被筛选的。有些人不想上大学，有些人申请优秀大学被拒，还有些人上了大学但没有毕业。我们都能想到为什么人们有不同的机遇，做出不同的选择。

我们在不考虑做出选择的原因就进行选择差异对比时，会出现如上述例子所示的"自我选择偏差"（self-selection bias）。人们选择要做的事，个人的选择可以反映出他是什么样的人。在进行的控制实验中，将受试对象随机分组，并让他们唯命是从，这样就可以避免出现自我选择偏差。也就是说剥夺受试对象的选择权，就能消除自我选择偏差。我们都很幸运，研究人员几乎无法仅为得到所需实验数据，就迫使我们做不喜欢的事情。

为了亲自验证，我于 1983 年去了科德角度假，有个邻居给我看了《科德角时报》的一篇文章。人口调查局会根据年龄、性别和受教育程度，定期估算人们一生中的收入情况。该报纸利用这些估算结果得出：

接受过大学教育的 18 岁男性，其"价值"是高中辍学的同龄男性价值的两倍。据估计，前者在 18~64 岁期间的平均收入超过 130 万美元，而后者约为 60.1 万美元。

邻居说，他读高中的儿子迈克成绩很差，正在考虑辍学，到家族的建筑公司上班。但是迈克的爷爷看到这篇文章后告诉迈克，辍学的话就会损失 70 万美元。邻居问我是否同意这种看法。

我试着委婉地回答。如果迈克高中时就学不好，那么对他来说读大学会不会更困难？大学毕业后，他想从事什么工作？如果迈克愿意在家族企业上班，就算读完大学再工作，他一辈子可能也多挣不了多少。如果有任何不同的话，读大学后他可能会收入更少，因为读大学费用昂贵，而且大学期间他也无法工作。

读大学或许能让迈克受益，但不可能是 70 万美元。

有些大学生的时间都花在派对狂欢而不是埋头苦读上，这不仅会导致他们成绩下滑，还会让他们陷入更多麻烦。因此，有人提出限制学生饮酒的建议。2001 年，哈佛大学的"大学饮酒研究"发现，在禁酒的学校中，学生嗜酒的可能性要低 30%，并且完全戒酒的可能性更高，这说明禁酒可以给学校带来很大的好处。但这里可能存在两种自我选择偏差。第一，嗜酒现象少的学校或许更有可能禁酒。第二，不喝酒和不喜欢喝酒的学生，或许更有可能选择禁酒的学校。

还有一个主题类似的研究，调查弗吉尼亚理工大学附近酒吧的啤酒消费状况。研究发现，一般情况下，点杯装或瓶装啤酒的人，啤酒饮用量仅为点壶装啤酒的人的一半。该研究得出结论，"如果我们禁止壶装啤酒，就可以大大改善嗜酒问题"，该结论还在全美国发表了。这里的自我选择偏差很明显，点壶装啤酒的人，肯定是事先想好要喝很多才会这么下单的。酒量大的人，即便被强制点杯装或瓶装啤酒，也仍会喝很多。多年后，实行该项研究的教授对此也承认："很多大学生想要喝醉……我们通过几项研究表明，他们的想法会影响行为。如果他们想喝醉，那么很难成功制止他们。"

然而，这项研究显然对斯坦福大学管理层有所启发。他们制定了饮酒政策，禁止体积大于或等于标准酒瓶的烈酒容器——"限制烈酒容器的体积是一种降低伤害的策略，旨在减少饮酒者在一定时间内可获取的酒量。我们认为这个基于研究得出的方法很明智，很有创意"。

斯坦福大学的学生很快就意识到其荒谬之处——买大容量装的人，本就打算喝很多酒。如果被迫买小容量装，他们只要多买几瓶就行了。有些学生还设计了一个叫作"让斯坦福再次安全"（Make Stanford Safe Again）的网页来取笑这一发现，网页上有与图 4.1 类似的配图。

图 4.1　"让斯坦福再次安全"的配图

双专业学生的平均分通常都高于单专业学生的平均分，这表明修双专业能提高学生的成绩。这里明显的自我选择偏差在于，选择双专业的学生和没有如此选择的学生，存在系统性差异。

大学毕业后的生活又如何呢？如今很多学生选择进入金融行业，希望通过股票买卖或者说服别人买卖股票挣大钱。瑞士圣加仑大学的一项研究指出，股票经纪人生性"比精神病患者更加不顾一切、争强好胜和老谋深算"。股票交易会对人类行为造成如此大的不良影响，是否应该对其下达禁令？抑或根据苏格兰一所大学 1996 年的研究，应该鼓励股票交易，"（对精神病患者）管教得当的话，他们会成为成功的股票经纪人，而不是沦为连环杀手"。又或者，这里存在自我选择偏差，因为生性如此的人更倾向于从事这个行业。还有可能，上述两所大学的研究都是实验者"心有所想"的结果？

为做出截然不同的职业生涯选择，我参加了波莫纳学院的教授及董事大会。在会上盖蒂博物馆的一名代表吹嘘，他们博物馆提供的全日制暑期实习项目，有效地提高了从事相关职业的学生人数，"在我们博物馆实习过的学生中有 43% 现在都在博物馆或其他非营利性视觉艺术机构工作"。这一数据听上去令人心动，但证明不了什么。其中肯定也存在自我选择偏差，因为申请实习的学生有可能正是对这些领域感兴趣的。其他 57% 的实习生在实习结束后改变想法了吗？

举一个老掉牙但很重要的例子，开跑车（尤其是红色跑车）的人，比开小货车的人更有可能被开罚单。除了警察爱挑开跑车的人以外，你还能想到其他合理解释吗？这里的自我选择偏差是，选择开跑车的人有可能喜欢开快车，而选择开小货车的人在乎的是车上孩子的安全。

美国西北大学的研究人员观察了 2 000 多名 60 岁以上的受试对

象，发现他们每天多坐一个小时，在日常活动（例如自己穿衣服）中出现困难的概率就会增加 50%。我非常同意生命在于运动，但有没有可能，那些选择久坐的人是因为他们本身就有运动障碍？

一项针对英国某家医院 20 072 例急诊住院病例的研究发现，公共假期期间入院的患者，在七天内因病身亡的概率比平时入院的患者要高出 48%。对这些数据的一种解释是，公共假期期间在急诊室加班的医生的水平相对差些，不应该让他们留守急诊室。还有可能是因为，在放假期间，除非遇到生死攸关的情况，否则人们都不愿意往急诊室跑。又或者，假期内由于人们出行更频繁、饮酒更不节制、更加放纵自己，所以才会出现更多重伤病例。

有些地方似乎比急诊室更加危险。实际上，最危险的地方显然是床上，因为死在床上的人比死在其他地方的更多。又一次出现了自我选择偏差，即将死之人通常都会被放到床上，但这并不代表床就是杀人利器。

再来看其他例子。20 世纪 50 年代的一项关于身体健康的研究指出，已婚男性的身体健康状况比同龄未婚或离异男性的要好，这表明男性的健康法宝就是结婚并永不离异。然而，人们结婚或离异是自我的选择。由于这种自我选择偏差，即使婚姻通常不利于男性健康，报告所显示的数据也支持结论。试想，如果女性更不愿意嫁给身体状况不佳的男性，那么已婚男性通常会比未婚男性更健康。再试想一下，女性更有可能与患病的丈夫离婚，那么已婚男性通常也会比离异男性更健康。因此，就出现了自相矛盾，一方面婚姻不利于男性身体健康，另一方面已婚男性却通常比未婚和离异男性更健康。这都是受到自我选择偏差影响的结果。

某州的一项研究对比了每小时限速为 55 英里、65 英里和 75 英里的高速公路的交通死亡率（驾车每英里的死亡人数）。研究发现，每小时限速为 75 英里的高速公路的死亡率最低，每小时限速为 55 英里的高速公路死亡率最高。显然，提高限速可有效减少交通死亡人数，可能是因为在车速较快的情况下，驾驶员会更集中注意力。这项研究统计上最大的问题是什么呢？该州设定每小时限速为 75 英里的路段肯定是最安全的（道路直、照明好、车辆少）。

在上述示例以及更多的其他例子中，计算机程序都会得出错误结论——预测学生选择第二个专业就能提高成绩，男性结婚后就能改善健康，推迟去急诊室能够延长重危病人的生命，提高车辆限速能降低交通死亡率。

人类能识别自我选择偏差，但计算机不能。

相关系数并非因果关系

一项心理学研究发现，家庭关系的紧张程度与看电视的时长存在强正相关系数，这表明看电视会让家庭关系更紧张。另一项研究指出，参加过驾驶训练课程的人，比没参加过的人更有可能发生车祸，这表明驾驶训练课程培养出的驾驶员更差。一项请愿敦促学校开设拉丁语课，请愿者认为学过拉丁语的学生在口语能力测试中的成绩，比没学过拉丁语的同龄人要高。

统计软件能找出此类相关系数，但是无法解释是第一个要素引起第二个要素，还是相反情况，又或是第三个要素引起前两个要素。对计算机来说，数字就是数字而已，可以求平均数、互相关联和操纵。人类智能则让我们能够思考数字背后的现实，考虑合理的解释。

关系非常紧张的家庭可能会选择（在不同房间）看电视来避免交流。参加驾驶课程的人说不定原来的驾驶水平就很差，所以才要培训。学习拉丁语的人或许更有能力，也可能对口语能力测试中出现的材料更感兴趣。

反向因果关系（reverse causation）通常与自我选择偏差存在联系。人们选择看电视、上驾驶培训课或学拉丁语，会造成"活动为因，对人的影响为果"的错觉，而这些情况下，有可能为反向因果关系，即"人为因，选择活动为果"。

2012 年，美国胡子研究所（American Mustache Institute）在华盛顿组织了一次"百万胡子游行"活动来支持"Stache 法案"［Stimulus to allow critical hair expenses（意为用胡子保养费来刺激经济发展）的首字母缩略词］，该法案提出每年为留胡子的美国人减免 250 美元的税款，作为对其保养胡子的补贴。该研究所指出，留胡子的人的年收入比剃净胡子的人的年收入高 4.3%，这说明鼓励留胡子的税收政策会促进经济发展。该所研究人员甚至找到一名税收政策教授来支持"Stache 法案"：

鉴于保养胡子和收入之间明显存在关联，根据美国的《国内税收法》第 212 条，胡子的保养费用显然符合条件，也应该认定为与收入生产相关的可减免费用。

即便 4.3% 这一数据没错（怎么就不能是编出来的？），也明显存在自我选择偏差和反向因果关系。是留胡子会提高收入，还是高收入人群更有可能留胡子呢？

几百年来，新赫布里底群岛的岛民都相信，体虱有助于保持身体健康。这一民间智慧基于身体健康的人通常有体虱，而患病之人却没有这样的观察结果。然而患病之人不携带体虱是因为病人经常发烧，会驱走体虱。

人类可以辨别相关系数和因果关系的差异，计算机却不能。如果我将这些例子中数据的识别名称以 X 和 Y 代替，你可能会分不清它们之间的因果关系。这就是计算机所看到的"类数据"，所以，计算机又怎能识别出因果关系呢？它做不到。

这便是人类智能和计算机智能之间的根本差别，也是人工智能为什么一点都不智能的原因之一。只有理解所要表达的意思，才能称其为智能。

时间的力量

"比萨原则"（Pizza Principle）指的是，20 世纪 60 年代以来，纽约的一张地铁票大致等于一块比萨的费用。计算机可能认为，比萨的价格取决于地铁票价，或反之亦然。人类则认为两者的花费与总体物价同步上涨。

很多不相关的事物都会随着时间流逝而同步增加，因为人口、收入和物价都会随着时间流逝而同步上涨。这一简单事实是很多假性相关（spurious correlation）的基础。已婚人数和啤酒消费量都随时间流逝而增加。这能说明结婚导致嗜酒，或嗜酒促成婚姻吗？工作日减少的同时，打高尔夫球的人数增加。这就表示大家都翘班去打高尔夫了，或因打高尔夫而受伤在家吗？在欧洲西北部，鹳巢和新生儿的数量都随时间流逝而增加，这可以当成是童话故事中，鹳把婴儿带走的确凿证据吗？

网站 Spuriouscoreelations.com 上有很多例子，包括北卡罗来纳州的律师人数与上吊、勒喉和窒息死亡的人数有关，内华达州的律师人数和被自己双脚绊倒而摔死的人数有关。那么，难道减少律师人数就可以降低自杀率和摔死率吗？

事物有时也会随着时间流逝而减少，如结婚率和从渔船掉下来摔死的死亡人数。在一次考试中，我设置了一道图表题：如图 4.2 所示，1999—2009 年美国从挪威进口的原油量，以及因驾车横穿火车轨道导致身亡的司机人数都呈下降趋势。我的问题是：

你会如何解释两者的相关系数为 0.95？我原以为学生会回答，这是两种随着时间流逝而减少的事物间会存在的一种偶然性相关系数，但两者实则毫无关联。然而，有名学生给出的解释是：天然气价格上涨引起从挪威进口的原油量下降和驾车出行减少。好吧，人类时不时会被假性相关忽悠，但计算机一直都上当受骗。

计算机程序不仅无法识别此处讨论的假性关系，还会主动寻找这种假性关系，而且能找得到。由于缺少解释数字意义的人类智能，计算机无法评估所发现的相关系数是否有意义。

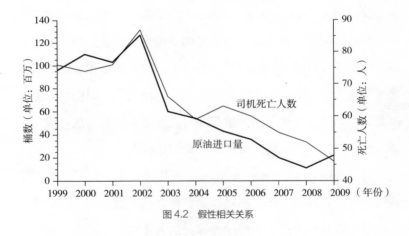

图 4.2　假性相关关系

幸存者偏差

另一个观测数据的常见问题是，由于我们无法看到不复存在的事物，因此会出现幸存者偏差（survivor bias）。比如，针对老年人的研究，并不包括那些寿命长度不足以步入老年的人；针对入住某些酒店、搭乘某家航空公司的飞机或游历某个国家的人开展的调查，并不包括那些有过一次体验，然后说"下不为例"的人；杰出企业的共同特征并不包括那些也具备这些特征，但没有成为杰出代表的企业。

　　第二次世界大战期间，轰炸德国后飞回英国的盟军飞机的机身留下了被子弹和弹片击中的弹孔，一项军事分析研究这些弹孔位置后发现，大多数弹孔位于机翼和机尾，很少出现在驾驶舱、引擎和油箱部位（如图 4.3 所示）。于是，军队决定在飞机的机翼和机尾增加保护钢板。不过，才智过人的统计学家亚伯拉罕·瓦尔德发现了这些数据中存在的幸存者偏差问题。能成功返回英国的飞机，都在子弹或弹片的袭击中幸免于难，其驾驶舱和油箱都没什么弹孔，而这些部位被击中的飞机都已经遇难了。因此，应该加固的不是那些弹孔最多的地方，而是没有弹孔的位置。

图 4.3　飞机中弹部位示意图

　　还有一个相似的例子。第一次世界大战期间，很多英国士兵的头部都会遭弹片致伤。然而，当把布帽换成钢盔后，因头部受伤入院的士兵人数反而增加了。为什么？因为钢盔的使用增加了因弹片受伤的人数，而不是死亡人数。

面对某些类型的"坏数据"，人类还是能够识别幸存者偏差的，但计算机程序就无能为力了，因为它们不知道这些数字代表什么，无法利用逻辑推理思考这些数据的来源造成的偏差。

假数据

学术研究的圈子中竞争激烈，众多聪明绝顶、竞争力强的科学家坚持不懈地追名逐利，以求自己的职业生涯获得发展。而必要的支持就是，在同行认可的杂志上发表有意思的研究成果。"要么发表，要么发霉"（publish or perish）是大学研究人员的残酷写照。

有时，这种压力过于沉重，以至于研究人员会撒谎或造假来寻求事业高升。研究人员需要靠可以发表的研究结果存活，当结果不尽如人意时会备感沮丧，还会担心其他人抢先发表了类似的研究成果，因此有些人会选择编造数据这条捷径。毕竟，如果推论是正确的，那么编些数据来证明一下也不会有什么大碍吧？

荷兰社会心理学家德里克·斯塔佩尔的研究成果极其丰硕，事业有成，对调查研究的设计非常深入、一丝不苟，常与研究生和同事合作。可奇怪的是，作为一名资深研究人员，他总是独立完成调查工作。还有一点蹊跷之处是，斯塔佩尔常常在听到同事

的研究兴趣点后，声称自己已经收集到了对方所需要的数据，他
愿意以合作撰稿人的身份提供数据。

斯塔佩尔发表或与他人合作发表过数百篇论文，于 2009 年荣
获美国实验社会心理学会（Society of Experimental Social Psychology）
颁发的"事业轨迹奖"（Career Trajectory Award）。2010 年，他当选
蒂尔堡大学社会与行为科学学院院长。斯塔佩尔很多论文都引起
争议，其中有些甚至超过合理性的界限。他在一篇文章中指出，
脏乱的房间会使人变成种族主义者；在另一篇文章中声称，吃
肉——包括只是想要吃肉——会使人变得自私。（我没有瞎编！）

斯塔佩尔的部分同事和研究生对于支持斯诺佩尔的那些半成
品的推论的数据持怀疑态度。但最终，他们想要查看数据的要求
都被斯塔佩尔拒绝了。有一次，斯塔佩尔向一名同事展示了一项
实验的方法和标准差，该实验显示出，给流泪的卡通人物涂颜色
的儿童比给不流泪的卡通人物涂颜色的儿童更愿意分享糖果。当
那位同事提出查看数据以比较男孩和女孩的反应时，斯塔佩尔则
说，他还未将数据输入电脑！要么是斯塔佩尔手算的实验过程和
标准差，要么就是根本没有数据。你说呢？

终于，两名研究生将他们对斯塔佩尔的质疑上报给学院负责
人。没过多久斯塔佩尔就坦白了，承认自己的很多实验调查结果
要么是经过挑选的，要么是捏造而来的。他解释道："我太急于
求成了。"

2011 年，斯塔佩尔被蒂尔堡大学辞退。他退掉了自己的博

士学位，撤回了 58 篇数据造假的论文。他还同意完成 120 个小时的社区服务，用相当于其 18 个月工资的收入缴纳罚款。对此，荷兰检察官同意不以滥用公共研究经费追究其刑事责任，理由是这笔政府资金主要用于支付研究生的工资，他们都是无辜的。与此同时，我们也松了一口气——在吃肉和房间脏乱时不用那么愧疚了。

真是名副其实的资本主义做法，斯塔佩尔并没有灰溜溜地全身而退，反省自己的过错，反而将此事写成书出版了！

计算机可能不会捏造数据，但也无法识别虚假数据。把斯塔佩尔拉下神坛的是人类对他说辞的质疑。而计算机无法持有怀疑态度。

识别"坏数据"

我以前的一位学生（鲍勃）曾在全球最大的咨询公司负责大数据工作，他告诉我，有家客户公司针对营销计划的效力做了统计分析，该分析采用多种渠道，包括直邮、广告横幅、电子邮件等。为了收集到足够多的数据，计算机程序分析了超过 20 年的历史数据。

问题在于，任何人都知道在过去 20 年里营销技术已经发生了翻天覆地的变化。比如黄页，这种印刷的电话簿用白纸印刷非商用电话号码，用黄纸印刷分类付费广告（例如宠物用具）。从前，这种做法非常普遍，全美国都很时兴一句话："动动手指省跑腿！"（Let your fingers do the walking！）不过实际上，一本黄页太大了，就算撕开一半也还是很重（尽管有个窍门能让它不那么重）。

如今的黄页被鲍勃称为"优惠券和门挡的结合体"。大多数人会收到放在信箱里或自家停车道上的黄页，但从不打开来看。

客户公司的软件程序无法考虑这些，因为它们没有思考能力，只会计算。幸运的是，鲍勃介入此事，表示少量的相关数据比大量的过时数据更有价值。

尽管所有宣传都在鼓吹大数据，但有时小数据的作用反而更加显著。无须通过搜遍堆积如山、随机获取的数字来寻找有意思的发现，采集有助于解答研究问题的好数据更富有成效。

人类能够质疑支持奇特主张的数据，可是计算机却无能为力，因为它们没有分辨合情合理与异想天开的智能。遇到"脏乱的屋子和种族主义"之间、"内华达律师人数和走路绊脚摔死的人数"之间等存在统计学关系的说法时，计算机也不会起疑。

对软件程序来说，要想解决计算机缺少人类智能这一问题，可能需要报告统计学分析的具体细节，这样的话，人类就能评估数据的有效性和结果的合理性。这是个很好的想法，但实践起来还有两点障碍。

首先，因为大数据过于庞杂，很多软件程序都采用数据规约（data-reduction）技术（详见第 8 章），将数据改变为无法识别的状态，人类便不能评估计算机结果是否有意义。

其次，有些人认为计算机生成的内容不容置疑。如果计算机显示，嘴角下垂的人有可能是罪犯，那就一定如此。如果计算机显示，不接电话的人信用都不好，那也一定没错。

人类以为自己没有计算机那么聪明，但并非如此。计算机虽然非常擅长某些事情，但无法鉴别数据质量的好坏，人类远比计算机聪明——这也是说明计算机不算太智能的又一例子。

第 5 章

随机性模式

每当统计学课程开课的第一天，我都会做超感官知觉（extra-sensory perception, ESP）实验。先给学生们展示一枚普通硬币（有时向学生借），然后将其抛投 10 次。每抛一次，我就刻意把结果印入脑中。与此同时，学生尝试猜测我的想法，然后写下答案。我还会在一张事先设计好的纸上，以圈出 H（正面）或 T（背面）的方式，记录每次抛投的实际结果，这样一来，学生就无法通过我的手势猜出结果。

谁猜对了 10 次，谁就能赢得当地一家精品巧克力店的一盒一磅装巧克力。如果你在家也想试试，那就猜猜我在 2017 年春季的统计课上那 10 次抛投硬币的结果。我的脑电波或许还留存在某个地方。然后写下你的答案，看看能猜中几次。

抛完 10 次后，我让学生们举起手来，然后开始公布结果。猜错的学生把手放下，坚持到最后的即可赢得巧克力。曾经出现过一名获胜者，在参与这个游戏的学生人数超过了 1 000 名后，有人获胜也在预料之中。

我并不相信超感官知觉，所以这个实验的重点并非赢得巧克力。把巧克力设置为奖品，只是为了让学生认真对待这一测试。我的真实意图是想说明大多数人，即便是聪明的大学生，对抛硬币等随机事件也存在误解。这一误解加深了我们的错误想法，即以为电脑发现的数据模式一定都有意义。

早在 20 世纪 30 年代，美国的真力时无线电公司（Zenith Radio Corporation）有一档系列节目，每周播出一次超感官知觉实验。无线电广播里的"发送者"随机选择一个圆圈或方框，类似抛硬币，然后想着所选的图形，希望脑海中的图像能传送给数百英里之外的听众。随机进行五轮选择后，听众可以将猜测答案寄给电台。

这些实验虽然不能支持超感官知觉的说法，但确实可以有力证明，人会低估随机数据模式出现的频率。我们大多数人认为，圆圈和方框出现的次数通常应该相等，而且不会以任何可识别的模式呈现。例如，在一次实验中，121 名听众都选择了以下序列：

□ □ ○ □ ○

只有 35 名听众选择以下序列：

□ ○ □ ○ □

上述两种序列中，都含有 3 个方框，2 个圆圈，但是第一种序列似乎比第二种完美交错的序列更加随机。这么说你同意吗？

只有一名听众选择如下第三种序列，因为大多数人认为随机结果不会这么一致。

□ □ □ □ □

事实上，这三种序列出现的概率完全相等。不过，听众还是不愿意猜有 5 个方框连续出现，或者两种形状完美交替出现的序列，因为他们觉得这样的情况不会随机发生。你可能也有同样的想法。对了，我在 2017 年春季课程上的抛硬币结果为：T、T、T、T、T、H、H、T、H、T。你全猜对了吗？

核对完结果，看看是否有人获胜之后，我会让学生数一数自己的答案中连续出现次数最多的是哪个结果。比如以下序列中，连续出现最多的是 4 次正面：

H　T　T　T　　H　H　H　H　　T　H

而以下序列中，连续出现最多的是 3 次背面：

H　T　T　H　T　H　　T　T　T　　H

这些序列不像随机结果，但我保证它们就是随机出现的。我抛了 20 次硬币，得出了以上结果。

过去 10 年共有 263 名学生上过这门统计学课，其中报告连续出现 4 次或 4 次以上同一面的人只占 13%。你的结果是这样吗？

实际上，正面或反面连续出现 4 次或 4 次以上的情形，并非完全不可能！在 10 次抛投中，同一结果连续出现 4 次或 4 次以上的概率为 47%。我们预计，在这 264 名学生中，会有 124 名报告这样的结果，但实际上只有 34 名。学生都大大低估了同一面连续出现 4 次、5 次，甚至 6 次的概率。

显然，大家看到正面或反面一直出现都会感到别扭，因为这样的结果不像是随机产生的。连续出现两三次正面后，他们猜反面的念头越来越强烈，以便达到平衡。

不仅统计学课堂上的抛硬币实验如此，在体育比赛、靠运气取胜的游戏和生活中，大多数人也仍未正确认识到随机数据中出现连续情况的概率有多高。因此，一旦出现连续情况，他们的第一反应就是这些数据并非随机得来，其出现肯定有潜在原因，于是就生编硬造出一个所以然。

篮球运动员如果连续投中 5 次，肯定会"热乎"起来，非常有可能再投中下一球；连续 5 次选股大赚的金融咨询师必定是金融高手；连续 5 年势头良好的共同基金一定由金融天才管理。尽管共同基金的表现中唯一具有一致性的是以往业绩无法准确预测将来业绩，但是投资者还是会放弃业绩连年不佳的基金，转投业绩连年良好的基金。

美国国家体育比赛解说员和体育专栏作家名人堂成员梅尔文·德斯拉格，在其最后一篇报刊专栏文章中提及自己在 51 年的职业生涯中收获的忠告，其中包括一个著名赌徒的建议："大名鼎鼎的'希腊人尼克'（Nick the Greek）透露了取胜的秘诀，他训练自己可以持续玩牌八小时而不用上洗手间。按照他的说法，上了牌桌就不应该打断骰气。"唯有低估随机数据连续出现概率的人才会拼命控制膀胱，唯恐"打断骰气"。

我在上文中提出，"在 10 次抛投中，同一结果连续出现 4 次或 4 次以上的概率为 47%"。对此，一名活跃的学生表示难以置信，并且编写了计算机程序来证明我是错的。他编写的程序模拟了 100 万次抛硬币，并记录每 10 次中正反面连续出现最多的次数。他的计算机程序也得到了同样的结果。他承认自己的程序证实了我的观点，但他还是不信。他认为，可能是计算机的随机数字生成器出了问题，但他又没那么多时间自己抛 100 万次来验证。看来，随机数字不会连续出现的想法已经在他的思维中根深蒂固了。

如果抛硬币超过 10 次，上述概率会更高，连续出现次数会更多。抛 1 000 次，同一面连续出现大于或等于 10 次的概率是 62%；抛 1 万次，同一面连续出现大于或等于 17 次的概率是 53%，大于或等于 18 次的概率是 32%。

数据越多，就越能肯定还会产生更多连续出现的结果，以及其他出乎意料的模式。克里斯蒂安·S. 卡鲁德和朱塞佩·隆哥合作发表了一篇理论性文章，题为"大数据中假性相关的泛滥"（The Deluge of Spurious Correlations in Big Data），表明在所有庞大数据中集中出现高度规则的模式都不足为奇。不仅如此，而且：

数据越多，就越会在其中发现随意、无意义和（对未来行动）无作用的相关系数。因此，自相矛盾的是，我们得到的信息越多，就越难从中提取有意义的发现。信息量过犹不及。

如果存在一组有助于做出预测的真实统计学关系的固定数据集，数据滥用肯定会提高无用统计学关系在真实关系中的比率。

假设股价、失业率和利率之间存在因果关系。如果失业率上升，则股价下跌。如果利率上升，则股价也呈下滑趋势。通过看股价、失业率和利率的数据，我们可能会找到证实这些因果关系的统计学证据。

再假设，我们把几座偏僻城市的日常气温也考虑在内，尽管它们跟股价毫不相关。根据卡鲁德和隆哥的论证，纳入的无关变量越多，就越能肯定得到的是无意义模式。

与包含两个有意义变量（失业率和利率）和 100 个无意义变量（100 个小镇的气温）相比，包含两个有意义变量和 5 个无意义变量的结果可能与股价的相关性更高。与包含两个有意义变量和 1 000 个无意义变量相比，包含两个有意义变量和 50 个无意义变量的结果可能与股价的相关性更高。

因此，卡鲁德和隆哥总结道："数据越多，发现无意义模式的概率就越高。"

数据挖掘

人工智能是不断变化的专有名词，包括计算机模拟人类行为的各种活动，例如，组装汽车、识别物体、将语音转换成文本。人工智能还可以驾车、下棋和交易股票。

控制人工智能活动的计算机程序被称作"算法"（algorithms），即完成任务所需的分步规则。例如，寻找某数平方根的算法步骤如表 5.1 所示。

算法在进行了 5 个循环后，得出答案为 X=7.071068。

表 5.1　平方根算法

规则	步骤
1. 输入任意数 Y	Y = 50
2. 选择测试方程式 X = Y/2	X = 50/2 = 25
3. 计算 X 的平方	$X^2 = 25 \times 25 = 625$
4. 计算 Z = Y − X^2	Z = 50 − 625 = −575
5. 计算 E = Z/Y	E = −575/50 = −11.5
6. 若｜E｜< 0.00001，得到 X；否则，进行第 7 步	进行第 7 步
7. Z/(2X) 加上 X	X = 25−575/50 = 13.5
8. 返回第 3 步	进行第 3 步

计算机程序使用多种语言执行算法。平方根算法可以用
BASIC、Java、C++ 等计算机编程语言。当然，人工智能算法的
能力远不止这个简单的例子。

数据挖掘可能是最艰巨、最危险的人工智能形式。传统的数
据统计学分析遵从已经广为人知的科学方法，用科学知识取代迷
信。研究人员基于观察或推测提出问题，比如，"维生素 C 是否会
降低普通感冒的发病率和严重程度"，研究人员搜集数据后，最好
能够通过控制实验来验证这个推测。如果服用安慰剂和维生素 C
的结果出现令人信服的统计学差异，则这项研究得出结论，维生
素 C 具有统计学上的显著影响。该研究人员运用数据验证了推测。

数据挖掘则另辟蹊径，其数据分析不会受到预先形成的推测的驱使或妨碍。数据挖掘算法的编程目的是发现数据的走势、相关系数等模型。一旦发现有意思的模型，研究人员就创造理论来解释它。或者，研究人员认为，数据可以自圆其说，一切解释都包含在数据中。他们不需要理论学说，只要有数据就足够了。

在维生素 C 的例子中，假设数据挖掘工具针对 1 000 个人创建数据库，记录他们的所有信息，如性别、年龄、种族、收入、发色、瞳孔颜色、就医记录、运动和饮食习惯等。接着，使用数据挖掘软件识别出与个人患病天数在统计学上最相关的五项个人特征。结果可能显示为：酸奶食用过量、茶类饮用不足、喜欢散步、绿瞳孔，以及在脸书上最常使用的词为 excellent（好极了）。

数据挖掘工具可能得出结论——酸奶、茶、散步、绿瞳孔和脸书常用词为 excellent 代表着不健康——于是编造出稀奇的故事来解释这些相关系数。数据挖掘工具还可能认为，数据已经解释得面面俱到，无须进一步解释了。

《经济学人》在 2015 年发表的题为"与悲观相去甚远：经济学发展"（A Long Way From Dismal: Economics Evolves）的文章指出，（研究失业、通胀等的）宏观经济学家应该效仿在科技企业从事产品、公司和市场相关数据挖掘工作的微观经济学家。

（宏观经济学家）应该减少理论空谈。宏观经济学家都是严谨之人，先创建理论模型，后使用数据检验。新一代经济学家则忽略白板功能，只集中处理数据，让计算机识别出模式。

《经济学人》是一本优秀的杂志，但不是优秀的新闻报道。

2008 年，美国《连线》杂志总编辑克里斯·安德森撰写了一篇引起争议的文章，题为"理论的终结：数据泛滥使科学方法过时"（The End of Theory: The Data Deluge Makes the Scientific Method Obsolete）。安德森表示：

只要有足够多的数据，数据就能自圆其说……更庞大的数据以及处理数据的统计学工具，都为理解世界提供了全新的方式。相关系数可以取代因果关系，科学的发展根本无须相关模型、统一理论或任何真正的机械论的解释。

当时看来，这似乎是一种刻意煽动争议、几乎毫不掩饰的自吹自擂——"未来是大数据和大电脑的世界，请阅读《连线》"。

值得赞扬的是，数年后，《连线》杂志的英国版发表了一篇具有警戒意义的文章，题为"如何篡改统计值"（How to massage statistics），其中谈到了我的担忧——"计算机让摆弄数据更加轻而易举"，还列举了篡改、挑拣和破坏数据以造成误导的各种方法。

不幸的是，对曾经颇有争议的事情，人们现在已经习以为常。认为处理数据便足矣的人比比皆是——认为人类无须理解世界，也无须理论，能在数据中找到模式就足够了。在这个方面，计算机可谓得心应手。因此，我们应该将决定权交给计算机。

有时，"数据挖掘"这个词的使用范围更广，还包括搜索引擎和机器人汽车工等大有裨益、无可厚非的活动。我经常使用"数据挖掘"来描述这种做法——运用数据发现统计学关系，然后以此预测行为，例如，寻找统计学模型以预测汽车采购、贷款拖欠、患病或股价变动的情况。

知识发现

我和一名教"知识发现"这门课程的教授吃过午餐。我问他，假如缺乏理论（或常识），我们怎么知道由数据产生的模型真的有助于预测，而不是偶然？他认为：

证据就在数据之中。我们不仅不需要理论，理论化还会限制我们所见，妨碍我们发现意料之外的模型和关系。模型是否有用，只需要看数据就知道了。这就是为什么我把这门数据挖掘课程称作"知识发现"。

数据挖掘还被称为"数据探索""数据驱动的发现""知识提取""信息获取"等，这些称呼都反映了一个核心思想——数据先于理论，甚至通常无须理论。

很多被称作人工智能的事物都令人惊叹。可是，数据挖掘并非如此。其根本原因很简单，却不易被认识到：

我们以为模型不同寻常，因此具有意义。

在大数据中，模型无法避免，因此毫无意义。

黑匣子

我最近看了一家对冲基金（我称其为"想都不想"）的企划书，其中吹嘘道：

我们完全自动化的投资组合按照计算机算法运行。所有交易均通过复杂的计算机系统完成，消除了经理人的一切主观因素。

这就是所谓的"黑匣子"方法，把内容输入算法，算法输出结果（如图 5.1 所示），而人类用户对结果的决策过程一无所知。

图 5.1　黑匣子

在求平方根的算法中，如果输入 50，则输出 7.071068。然而，我的算法不是黑匣子，因为我解释了程序是如何运行的，任何人都能检查我在逻辑或某一步指令上是否犯了错。事实上，你可能已经发现了问题。50 的平方根可以是 +7.071068 或 −7.071068，而我的算法结果只显示了正数。此外，该程序在求 $Y=0$ 的平方根时会出现问题，因为第五步是计算 Z/Y，但是 $Z/0$ 无意义。最后，算法如何处理负数的平方根呢？没法处理。

当程序处于开放状态时，人类能够看到运行过程，查找错误、遗漏和其他故障。但当程序藏在黑匣子里时，人类就无法这么做了。我们不知道黑匣子里的算法是什么，无法评估过程中是否存在逻辑错误、编程差错或其他问题。黑匣子的输入内容不计其数，处理过程神秘莫测，输出内容让人难以捉摸。

对黑匣子股票交易算法来说，输入值可能是股价、交易股票数量、利率、失业率、推特出现"股市"一词的次数、黄色涂料的销量和几十项其他变量，输出值可能是 100 股苹果公司股票的买卖决定。

使用黑匣子交易算法决定股票交易的用户不知道做这些决定的理由，也并不费心去了解，因为他们相信黑匣子，就像希拉里·克林顿相信"阿达"一样。他们认为，计算机比自己聪明，这应该让人放心。包括"想都不想"的对冲基金经理在内的许多人都认为，用黑匣子进行投资决定，这是特点，不是缺点，毕竟它"消除了经理人的一切主观因素"。

核准贷款的黑匣子算法拒绝贷款申请的理由可能是申请人的手机没充满电，监狱假释的黑匣子算法拒绝假释的理由可能是申请人戴着宽腕套，防止犯罪的黑匣子算法建议抓捕某人的理由可能是他的鼻子和嘴巴呈某种形状。你可能觉得我是在胡编乱造，可我说的都是实话。

计算机算法能连续无误地进行数学计算，是因为软件工程师确切地知道自己想要算法去做什么，然后编程实现这一目的。但数据挖掘算法就无法这么做，因为该算法的意图模糊不定，结果无法预测。一名人工智能专家写道："任何两种人工智能设计之间的相似点，可能比你和矮牵牛花之间的还少。"

黑匣子数据挖掘是人工操作，但它并不智能。这就是为什么我给本书取名为《错觉：AI 如何通过数据挖掘误导我们》。

有些人使用贬义词"人工蠢能"（artificial stupidity, AS）来描述计算机让我们失望时的情况，如 Siri 听不懂问题、谷歌地图导航进了死胡同、自动交通灯卡在红灯上。我使用"人工低能"（artificial unintelligence），并非描述计算机偶尔会犯错误，而是强调计算机并不拥有人类般的智能。为了计算 50 的平方根而遵守规则，同知道苹果公司股价和墨尔本高温的意义并明白为什么两者之间不存在逻辑关联有根本区别。

大数据、大电脑、大麻烦

几十年前，数据匮乏，计算机还没出现，研究人员奋力搜集数据，并花费数小时甚至数天时间埋头苦算。如今，我们生活在大数据的时代，计算机可以高速运行，二者的有力结合一直受到称赞，甚至崇拜。有些人服从计算机，认为计算机无所不能。对大数据的崇拜被称为"数据主义"（dataism）或"数据化"（data-ification），认为一切重要事物都可以用数据来表示，数据分析无懈可击。向计算机臣服吧！

这种痴迷并非没有危害。我们过于武断地认为搜索处理堆积如山的数据不会出差错，但出错在所难免。数据不过是数据，计算机也不过是计算机。计算机无法区分有用数据和无用数据，无法分辨合理结论和一派胡言。"数据无须理论支撑"是一种危险的理念。

连续出现、相关系数、走势模型等本身证明不了什么。即便是通过抛硬币，也能发现这些模型。我们需要思考原因，要问为什么，而非是什么。

不可否认，计算机令人惊叹，神秘莫测。我们大多数人不了解手机如何让我们与几千英里外的人视频对话，也不知道计算机如何能给出详细的驾驶导航，还可以根据当前交通状况给出预计到达时间。我们只知道计算机太神奇了。如果计算机告诉我们，总统大选的结果可以通过闻所未闻的几座城市的气温预测得到，我们可能也会认为它说得对。如果计算机可以显示 π 的小数点后 2 000 位数和世界上每座城市的街景图，我们区区凡人有谁能质疑它的智慧呢？

事实的残酷在于，数据挖掘算法是由数学家创建的，相比现实状况，他们对数学理论更感兴趣。从 15 名数学家的脑部功能性磁共振成像图（fMRI）可以发现，看到数学等式会激活他们的眶额部皮质中线部，而在人们看到惊险杂技或听到美妙音乐时，这一区域也会激活。有些人欣赏优美的音乐、艺术、舞蹈和文学，而数学家则欣赏数学等式的内在美。

沃伦·巴菲特曾发出警告："要小心满脑子都是公式的怪人。"我大学主修数学，现在教金融学和统计学。实际上，我生活中的每一天都会用到数学，还编过几十个软件程序，为我的研究分析数据。我很喜欢公式和计算机，但我也知道，数学的魅力会引导我们创建让内心愉悦却无实践价值的数学模型。有太多数据挖掘算法都属于这一类。

利益冲突

哪里有利可图，哪里就有人蜂拥而至。

20 世纪 90 年代，计算机进入我们的生活，互联网的发展催生出数以百计以互联网为基础的企业，即广为人知的网络公司（dot-coms）。有些网络公司有好的想法，逐渐发展成为实力雄厚的成功企业，但大多数没有。有太多网络公司只是为了在公司名称里加上 dot-com，然后转卖出去，赚得盆满钵满后转身就走。找到好点子、开公司、打造成功企业，然后托付给子孙后代，这是旧经济的过时做法。

一项研究发现，企业不过是在名称里加上了 .com、.net 或互联网，股价便翻了一番还多。股民的钱打了水漂！

如今，人工智能同样如此。人工智能已经成为一种时尚，任何跟计算机沾边的东西似乎都能被称作人工智能。真可笑，连我那个求平方根的计算器都能被算作人工智能。何乐而不为？

我从前的一名学生投资了人工智能初创公司，他跟我说："当前，'数据科学家'和'机器学习专家'是最热门的职业。其中有些是接受过训练的统计学家、经济学家，但有些只是上过六周网络课程的程序员，课程可能仅重点讲解一些技术工具和技巧，没有提供基础的理论知识帮助他们了解理论的局限。"谁还愿意思考呢？都冠以人工智能的名号，四处兜售就好了。2017年，"AI"入选美国全国广告商协会的"年度营销词"。

我的另一名学生现在是一家大公司的首席财务官，他写信给我："你不会相信人们多么频繁地向我提到'大数据'的优势，或者愿意提供'分析专长'——这些人都是外行，（有可能）没有意识到你在书中详述过的局限。"

为了说服大家为实际上并不需要的东西砸更多钱，需要做出更多承诺，提供超出实际能兑现的范围的目标。这种情况在互联网泡沫时期出现过，如今到了人工智能时代又重蹈覆辙。我们应该对拼命向我们推销的人持怀疑态度。

天生就会被骗

人类不太能接受"随机事件"，见不得某件事无缘无故地发生。我们老想着给每个模型做出有意义的解释，但有可能它根本就毫无意义可言，不过是偶然发生的罢了。正如尤吉·贝拉所言："这巧合得太不像话了。"

你可以将此怪罪于我们的远古祖先曾设法应对的演化和环境问题。拥有便于生存繁殖的遗传特征的有机体，会将这些特征遗传给后代，而那些欠佳的特征则会被淘汰出基因库。持续不断地代代相传，这些有价值的遗传特征便会占据主导地位。

识别和解释模式曾经具有生存价值。乌云通常预示着下雨，灌木丛中传来声音说明可能有捕食者，发质是繁殖力的象征，脸型对称代表基因健康。远古时期，模式识别有助于人类祖先找到食物和水、意识到危险，还有助于吸引到有繁殖力、能养育健康后代的配偶，并将这种能力遗传给后代。那些不太擅长识别有益于生存繁殖的模型的人，将自己的基因遗传下去的机会更少。经过无数代自然选择，我们天生就会寻找模型，并为找到的模型寻求解释。

我们太容易被内在欲望所诱惑，想要解释所见的事物，这掩盖了如下事实：模型不可避免地是由无法解释的随机事件创建出来的，如抛 10 次硬币。我们应该承认自己容易受到模型的诱惑，从而努力做到拒绝诱惑，保持质疑。

为模型所惑

真力时公司的超感官知觉测试说明，我们对随机数据有先入为主的想法（或误解）。随机数据看似序列 1：

□ □ ○ □ ○

随机数据不像序列 2：

□ ○ □ ○ □

随机数据肯定也不像序列 3：

□ □ □ □ □

因此，我们认为，如果模型如序列 2 和序列 3，肯定就不是随机产生的。或许是方框和圆圈没有被预先打乱，又或许这不是超感官知觉测试，而是公开播放给间谍的密码。

听到这儿，你或许只是付之一笑，但担任《纽约时报》金融专栏作家多年的伯顿·克兰曾说：

我一直都深信不疑的是，（曾经用来记录股价的）纸带上价格之间的点是密码（如图 5.2 所示），以便互相发出市场波动的信号。有人甚至让我看过所谓的翻译码。

IBM......T........ADM.....X.......ASR......GE......GM......
....222 3/4...232 5/8...301/2...192 1/4.....73/8....331....75 1/2.

图 5.2 用来记录股价的纸带

破译纸带上随机出现的点是数据挖掘的雏形：先寻找模型，然后为此编一种说法。偏执的股票交易员确实会仔细查看这些点，找寻模型，发现模型，然后设法将这些模型和股价变动联系起来。交易员受模型驱使，拼命寻找模型，而且成功了。他们并没有意识到，模型肯定会出现，即便在随机产生的数据中也一样。

这一误解的另一表现是一本关于如何赢得掷双骰子游戏的书。作者在拉斯维加斯一家赌场记录了 5 万次掷骰子的结果，研究数字出现的序列。预计掷骰子 5 万次会出现约 20 次 4-4-11 序列，但实际该序列出现了 31 次。于是该书建议每当 4 连续出现两次后，都要押 11。作者还发现，38 次掷骰子的结果中，7-12-7 的序列出现了 10 次，接着出现的数字为 2、3 或 12。如果这 38 次每次都押注 100 美元，就能赢 4 200 美元。

这些计算都是手工完成的，那时还没有计算机，更别说数据挖掘软件了。一想到作者要花上好几个月甚至好几年来找寻这些模型，我就不寒而栗。唯一令人感到欣慰的是，作者在研究数字上花的时间越多，在偶然事件上押注的时间就越少。

这个可怜的作者为了在 5 万次掷骰子中寻找偶然模型而耗费时间，今天的数据挖掘软件也在这么做，只不过计算机化的数据挖掘能在数秒内完成这项任务，无须数月时间。掷骰子是简单易懂的例子，它说明了如何总能在这样随机产生的数据中找出模型，以及人们多么渴望自己找到的模型是有意义的。事实上，找到的模型根本毫无意义。

随机噪声

大电脑搜遍大数据后，一定可以找出比掷骰子的 4-4-11 序列更复杂、更不寻常的模型，即便这些数据只是随机噪声。例如，我为 100 个随机产生的变量均创建 250 个观察结果，每个变量初始值为 50，在随后的 249 次观察中，由计算机的随机数字生成器决定这个值是增加还是减少。这 100 个变量都通过统计学家称为"随机游走"（random walk）的程序产生，就像醉汉走路，每走一步都和前一步没有关联一样，每个变量的下一次改变都与上一次改变没有关系。

每个变量的每次观察都与其他 99 个变量的演变完全独立开来。但事实上，还是一定会出现偶然性模型。数据挖掘软件有非常强大的模型寻找能力，不过，对模型评估就无计可施了。就像我们在前面章节反复说过的，原因在于计算机并不能理解真实世界。数字只是数字。

我运用某些数据挖掘软件发现这些随机产生的变量中，有一个变量连续 13 次出现增加情况。如果不是头脑清醒，我可能会认为自己有什么重大发现了。

接下来我用数据挖掘软件寻找任意两个变量之间简单的两两相关系数。一共存在 4 950 对可能的相关系数。我的数据挖掘软件找到了 98 对相关系数在 0.9 以上的变量。如果不是头脑清醒，我可能会认为自己又有什么重大发现了。

最后，我使用数据挖掘软件来寻找这 100 个解释性变量中的组合，该组合会与一个真实变量高度相关，即 2015 年标准普尔 500 指数的每日价值。每 5 个变量一组，则有 75 287 520 种可能。这听上去似乎很多，但是对现代计算机来说不算什么。据我预计，在这些虚假变量中，某些变量组合会与真实变量高度相关。结果不出我所料，数据挖掘软件找到一个组合，与标准普尔 500 指数的相关系数达到 0.88。如果不是头脑清醒，我可能会认为自己真的有什么重大发现了。

数据挖掘软件每次都能发现模型，某一次它表明，精明老练的投资人会战胜股市。该软件会筛选、分类和分析所有随机数据，尽管这些数据跟股价一点关系都没有，对决定买进还是卖出股票完全没有帮助。不过，该软件还是找到了足够强的相关系数，说服黑匣子股票交易算法买进或卖出股票。

只要了解数据是如何产生的，人类立刻就能理解这个笑话，但计算机不能。数据挖掘软件无从明白自己的发现是否有用，因为对计算机来说，数字只是数字而已。

真正进行数据挖掘的人会在大数据中启动其数据挖掘算法，通常是数十亿或数万亿次，他们的算法不仅在每个数据组合中寻找模型、寻找不同数据组合之间的交互关系，还会寻找更加复杂的关系。他们必然会找到不同寻常的模型，不过，就像上述的股市例子一样，软件无法辨别何为因果、何为偶然。

业余的天气预测

再举一个例子说明数据挖掘的危害之处。即使并没有充分的理由表明数据具备实际价值，但数据挖掘工具也照例筛选与预测对象毫无关联的数据。例如，假设我想预测明天的气温。真正的天气预报会使用复杂的计算机模型，将大气分为若干个立方体，运用卫星数据估算每个立方体的气温、湿度、风速等。计算机模型利用物理学、流体力学等科学原理，预测天气会如何随着立方体之间的相互作用进行变化。

这听上去挺费劲的。我没有那些资源，也不懂科学原理。但是，我可以使用数据挖掘软件基于知识发现来预测天气。具体来说，我尝试根据城市 B 昨天的气温，来预测城市 A 明天的气温。我也可以参考城市 A 昨天的气温，但这就不算是知识发现了，不是吗？

我请一名出色的研究助理海蒂·阿蒂格帮忙搜集了 25 座分布广泛且相对偏僻的美国城市在 2015 年和 2016 年的每日最高和最低气温数据。她无意中把澳大利亚西部一座临时小型机场——科廷机场也包括在内。

真是无巧不成书。几年前的圣诞假期，我到澳大利亚墨尔本拜访朋友。那时，我了解到了葡萄干布丁、澳大利亚的圣诞歌曲和墨尔本板球场的节礼日板球赛，我在后院还把网球当板球打。然而，我印象最深的还是拆圣诞礼物的时候。两兄弟给年迈的母亲送了去西澳首府珀斯的往返机票。母亲打开信封，眯着眼睛看着机票，皱着眉大声抱怨道："我为什么要大老远跑去珀斯？"
她住在墨尔本，位于东澳，一辈子都没有飞越过整片国土跑到西
澳度假，也没兴趣这么做。

为了纪念这次旅行，我把科廷作为预测城市，看看通过 24
座同样偏远的美国城市的每日最高和最低气温，运用数据挖掘软
件来预测科廷每日最低气温的准确率有多高。我的数据挖掘查到
华盛顿州的奥玛克，这是一座冬冷夏热的美国小城市，常住居民
不足 5 000 人。其当日最高气温与西澳科廷机场次日最低气温的
相关系数为 −0.77（如图 5.3 所示）。

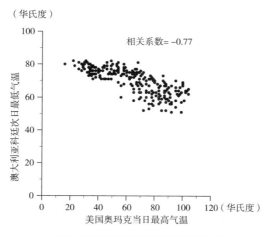

图 5.3　根据奥玛克来预测科廷天气的散点图

奥玛克的当日最高气温与科廷次日最低气温呈负相关关系，
是因为奥玛克位于北半球，科廷位于南半球。考虑到这两个城市
位于不同半球，−0.77 的相关系数非常令人震惊。

不会思考的数据挖掘程序（所有数据挖掘程序都不会思考）可能会得出结论，这是一次知识发现，为预测科廷的气温找到了有力的工具。而在会思考的人类看来，预测澳大利亚一个小镇次日最低气温的最佳方法居然是根据远在华盛顿的一个小镇的当日最高气温，这简直荒唐可笑。

我在搜集的另一组数据中启动数据挖掘软件，很快发现了更加紧密的相关系数。如图 5.4 所示，科廷的每日最低气温与第 58 号随机变量的相关系数为 0.81。没错，图中横轴的变量就是我用计算机随机数字生成器得到的、预测股价的那 100 个变量之一。

这些虚假变量的生成完全与科廷的天气无关，但我还是发现了一个变量（第 58 号随机变量）恰好与科廷的天气紧密相关。这就像抛硬币和其他随机噪声那样，通常都会得到看似真实但实则毫无意义的模型和相关系数。

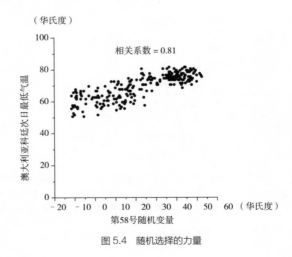

图 5.4 随机选择的力量

　　我这才试了 100 个随机变量。有了现代计算机，我还可以轻而易举地尝试数千、数百万个随机变量，直至偶然发现一个与科廷或其他城市的气温存在极其紧密相关关系的系数。

　　那么，我到底证明了什么？根本什么都证明不了。这就是关于数据挖掘需要记住的第一点，无论是否存在真实情况，只要仔细审查大量数据，就能得到统计学模型。此外，即便被称作人工智能，数据挖掘软件也不足以智能到分辨反映出真实关系和偶然关系的模型有何不同，这唯独人类能做到。

史密斯测试

　　假设数据挖掘算法发现美国股价与澳大利亚科廷的每日最低气温相关。计算机程序怎么会知道这一统计学关系是真实存在的还是偶然的呢？相反，人类知道何为股价，何为气温，还知道股价高低不由科廷的气温来决定。

　　计算机能搜索 stock 的定义，尽管该词有多项词义，如存货、家畜和肉汤等。计算机即便能找出正确的定义，也不知道这个定义中用到的词语是什么含义，虽然它还能继续搜索到定义中每个词语的定义。除了搜索定义外，计算机无法知道股票、股票交易和股价真正代表什么，也不知道为什么股价会时涨时跌。它不明白科廷的最低气温为何物，也不明白为什么这些气温有可能或不可能与美国股价相关。

　　计算机程序可以搜遍已发表的研究数据库，寻找提及股价与澳大利亚气温的文章。但是对计算机来说，要解释碰巧包含这些词语的研究的相关性，则是难于登天（或是无稽之谈）。此外，评定研究是否有效，对计算机来说也是难上加难。约翰·约安尼季斯曾很有说服力地指出："大多数已发表的医学研究都有误，包括发表在最负名望的医学杂志上的研究（因为报告结果通常都通过数据挖掘的方法获得）。"我相信，大多数的股市研究也一样。我们会在后面的章节中探讨这些论点背后的推理过程；目前的重点在于，用计算机搜索词语"股价"和"澳大利亚气温"，不可能找出任何被它自己解释为支持或反对其发现的统计学模式的内容。就算确实有所发现，计算机也很难评估其可靠性。

另外，"知识发现"的整套言论都在说，计算机会发现崭新的、从不为人所知的模型和关系。根据这一定义，"知识发现"并非已经发表的事物。那么，没有智慧和常识的计算机又如何能辨别出它的"知识发现"是否合理呢？它做不到，因为计算机确实没有智慧，也没有常识。

我们回到前述的汉语室测试。如果计算机不能真正理解"股价"和"气温"在现实生活中所代表的意思，那么它就不能分辨出其发现的统计学模型是有意义的，抑或只是巧合而已。可以将这种分辨能力称为"理论性知识""人类本能""经验""智慧""常识"，不过，通过数据发现统计学关系的计算机和无须数据就能预测关系的人类之间，存在根本差别。

我斗胆提出史密斯测试：

搜集 100 套数据，例如，美国股价、失业率、利率和米价、新西兰蓝色涂料的售价，以及澳大利亚科廷的气温等数据。让计算机自由分析，然后报告它认为可能有助于预测的统计学关系。如果人类专家小组一致认为计算机选择的关系合理，则计算机通过史密斯测试。

有可能存在真正的"知识发现"，即计算机能找到人类忽略的合理关系。但是，如果计算机选择的关系被人类认定为无意义，如美国股价和澳大利亚科廷的气温之间的关系，则其无法通过测试。

第 6 章

如果你拷问数据的时间足够长

最近，我收到一封推荐自动化研究工具的邮件：

亲爱的史密斯教授：

我们冒昧地向您推荐（我们的）全新研究工具……可以使您基于官方统计时间序列数据库的实证研究自动化。（我们软件的）设计目的是让您能从电脑桌面直接探索和发现激动人心的新经济相关系数。

无须其他软件，不用慢吞吞地手动处理数以千计的数据库。您立马就可以开始运行您的第一个大数据项目。

这封邮件接下来一直吹嘘他们的软件可以计算"数百万统计时间序列的相关系数""识别无法预计的相互依存关系"，以及"开辟新途径"。

除了有创意的遣词造句，让人沮丧的是，他们认为我真的想要筛选数以万亿计的相关系数，寻找意想不到的模型。但意想不到的模型毫无逻辑基础，对于不合逻辑的模型我向来持怀疑态度。

统计学实验都假定研究人员先在脑子里有定义明确的理论，再搜集相应数据来验证自己的理论。而给我发邮件的这家公司则假定，我非常渴望，也很愿意花一大笔钱另辟蹊径，看看每一个可能出现的相关系数——不在乎它们是否合理，然后找出在统计学上最有说服力的那一个，声称这是自己的发现。

这是时代的信号，但并非振奋人心的信号。

孟德尔的豌豆研究

很多重要的科学理论都始于试图对观察到的模型做出解释。例如在 19 世纪，大多数生物学家坚信，父母特征的平均值决定了子女的特征，如孩子的身高是父母身高之和的平均值，但这也会在环境影响下有所增减。

然而，格雷戈尔·孟德尔在自己进行的豌豆实验中发现并非如此。1822 年，孟德尔出生在奥地利，在自家农场长大。父母希望他能接管农场，但孟德尔是个天资聪颖的学生，后来成为奥古斯丁修道院的僧侣，该修道院以其科学图书馆和研究闻名遐迩。

或许是因为生长于农民之家，孟德尔在修道院的八年时间，利用那里的园子一丝不苟地进行了数万次豌豆种植研究。他观察到几种不同的性状，认为融合理论（blending theory）无法解释其实验结果。在他将黄籽豌豆和绿籽豌豆交叉授粉后，生长出来的豌豆籽要么绿，要么黄，并没有黄绿融合，也没有黄绿各一半。同样，在他将滑皮豌豆和皱皮豌豆交叉授粉后，生长出来的豌豆籽要么滑，要么皱，既不会滑皱融合，也不会滑皱各一半。

　　为了解释该实验结果，他提出了如今众所周知的"孟德尔遗传定律"。孟德尔认为，基因的存在形式不止一种（现称作"等位基因"），例如黄籽的等位基因或绿籽的等位基因，后代拥有来自每种性状的一对等位基因，每个等位基因都独立遗传自父母一方，其遗传到的等位基因可能相同（纯合的，homozygous），也可能不同（杂合的，heterozygous）。在孟德尔的实验中，控制颜色的等位基因杂合时，豌豆为黄籽，所以黄籽是显性等位基因，绿籽是隐性等位基因。只在两个等位基因均为隐性时豆籽才呈绿色。

　　孟德尔谨慎构建的理论不仅适用于其数据，也合情合理。即便计算机当时已经出现，也未必能完成得这么好。我们观察不到等位基因，所以计算机也不会产生这种妙想——认为有等位基因存在、父母一方均有两个等位基因、后代从父母各遗传一个等位基因、等位基因有可能是显性或隐性。

　　现在，我们知道因为由显性等位基因来决定性状，所以有些性状不完全外显。当出现不完全外显的情况时，性状呈现混合状态，例如，开红花和开白花的金鱼草杂合，会长出开粉花的金鱼草。郁金香为共显性，开红花和开白花的郁金香杂合，会繁殖出既开红花又开白花的郁金香。

　　孟德尔创建了符合所采集数据的理论，以此为现代遗传学奠定了基础。然而，"数据为先，理论靠后"的准则也成为成千上万冒牌理论的来源。你听到过名字以字母 D 开头的棒球手会比以字母 E~Z 开头的棒球手更早逝的说法吗？或者听到过亚洲人更容易在每月 4 号心脏病发作的说法吗？

得州神枪手谬误

"数据为先，理论靠后"特有的两个问题可以精确地概括为"得州神枪手谬误"。

谬误 1：自诩为神枪手的人在整面墙上放满靶子，然后朝墙开枪。他肯定能射中一个，然后很骄傲地显摆自己的枪法，绝口不提其余没射中的靶子。因为他肯定可以击中一个，所以即便做到了也根本说明不了什么。这好比在研究中验证数百个（或数千、数百万个）理论，然后只报告统计学意义上最有说服力的结果，对所有失败的验证都守口如瓶。例如，在超感官知觉研究中，有人可能会给数千个受试者进行数十次验证，却只报告那些支持超感官知觉的测试（或测试的一部分）。这什么都证明不了，因为只要进行足够多的测试，研究人员就一定可以找到支持的证据。

谬误 2：倒霉的牛仔把子弹打到了空白墙上。随后，他绕着弹孔画了个靶心。这也证明不了什么，因为总能找到一个弹孔画圈。这就好比在研究中搜遍数据来寻找模型，找到后再编出一个理论。超感官知觉研究中，有人可能报告称，尽管受试者的反应与当时记录的线索不符，但的确与早前记录（"向后移位"）、稍后记录（"向前移位"）或无记录（"负超感官知觉"）的线索吻合。想要寻找模型的人肯定能找到一个。因此，有所发现只能证明有所寻求。

得州神枪手谬误还有很多其他表达方法，包括数据挖掘、数据捞取、摸底调查、采摘樱桃、数据探测和 P 值篡改。P 值篡改这一戏称源于实验结果偶然发生的可能性（P 值）若低，则被认为具有统计学意义。"得州神枪手"的研究中低 P 值的可能性比较高，所以称之为"P 值黑客"。

发表研究成果的期刊加剧了这种状况，因为它们更喜欢（或需要）有统计学意义的结果，这就促使研究人员落入得州神枪手谬误，以获取具有统计学意义的结果。

谬误 2 又称"费曼陷阱"，名称取自诺贝尔奖得主理查德·费曼。费曼让自己在加州理工大学的学生计算，如果他走出教室，在停车场看到的第一辆车的车牌号为 8NSR26 的概率为多少。学生们假定每个数字和字母出现的概率相同且独立确定，得到的概率结果为小于 1 700 万分之一。等到学生完成计算后，费曼揭晓正确答案为 1，因为他在来教室的路上已经见到了这个车牌号。发生概率微乎其微的事情，如果已经发生，那么它发生的概率就肯定不是微乎其微了。

对上述两种得州神枪手谬误的精辟概述，可参见诺贝尔奖得主罗纳德·科斯的辛辣言辞："只要拷问数据的时间足够长，它就会屈打成招的。"

我会使用"数据挖掘"这一通用术语来说明得州神枪手谬误和类似的胡闹做法。

数据挖掘者

几十年前，我刚刚进入职场的时候，"数据挖掘者"是种侮辱性叫法，就好比被人指责剽窃一样。如果有人提出从理论上说不通的或好到令人难以置信的结果时（例如，接近完美的相关系数），就会听到强烈不满地反驳："这是数据挖掘！"

我记得在一场研讨会上听到一名访问教授称，他创造了一种离奇的货币供应测量工具，令其与美国经济高度相关，因此这一测量工具与美国经济之间存在密切的相关关系。这种密切的相关关系证明不了什么，因为是他自己一手创造的。

可能是碍于这位来宾的身份地位，台下的听众都异常克制。不过，一出研讨室的门，很多人都低声吐槽这是"数据挖掘"。这不是什么好话。多年后，我重新审视那名教授的模型，发现尽管他在所选的那段历史时期内，能够捏造出那个愚蠢的货币供应测量工具，得到密切的相关关系，但是在那之后的时期根本就对不上号。我对此并不惊讶，因为他的模型没有理论基础。他那时就是个数据挖掘者，他的模型也毫无价值可言。

如今，人们四处宣扬自己是数据挖掘者，用无法思考的计算机进行机械式的计算，还昧着良心为此收取费用。那封诚邀我在几百万数据中浪里淘沙，寻找意料之外的统计学关系的邮件的主人，也认为我会掏腰包加入他们的行列。

诺贝尔经济学奖得主詹姆斯·托宾挖苦地调侃道，在那个痛苦的旧时代，研究人员不得不进行人工计算，这其实是好事。用今天的话来说，这是特点，不是缺点。计算太难了，所以人们在动手前会深思熟虑。但现在有了以 TB（太字节）计算的数据和以闪电速度运行的计算机，太有利于"先计算，后思考"了。这就是缺点，而非特点。在计算前，绞尽脑汁思考会更好。

但谁还会思考？放手让软件搜遍数据，寻找始料不及的关系就好了。

QuickStop

互联网营销公司 QuickStop 拥有 100 多万个域名，以此招揽无意间的网络流量。假设，有人在查找 Hardle Soup Company（其网址是 www.hardlesoup.com），但将网址错误输入为 www.hardle.com 或 www.hardlysoup.com，页面就会转到 QuickStop 兜售产品的首页。

QuickStop 的高级经理认为，如果将首页惯用的蓝色改为绿色、红色或青色，公司的收入可能会随之增加。该公司的数据分析师建了四个版本的网页，测试数周后得出的结论是，其他三种颜色相较于惯用的蓝色都没有显著提高公司收入。那位高级经理大失所望（毕竟这是他的想法），又提议将数据按国家分类，可能就会找到差异。或许，人们偏爱本国国旗的颜色或与本国人性格相匹配的颜色？

果然，按国家进行数据分类后，发现其中一个国家确实有颜色偏好——英国大爱青色。大不列颠是个岛国，可能青色会让英国人想起大不列颠岛四周的海域？那位高级经理认为，原因不重要，重要的是英国人看到青色的网站首页时，会愿意买更多的东西。

当 QuickStop 正准备将英国版本的网站首页换成青色时，公司有名的数据分析师出面叫停了这个不切实际的想法，并称之为"数据犯规"。这纯粹是数据挖掘，QuickStop 并没有怀着"英国是唯一看重网站首页颜色的国家"这个想法来启动实验，更别说"青色是英国偏爱的颜色"了。通过给大约 100 个国家展示其他三种颜色的页面，该公司的人保证会发现某些颜色有助提高来自某些国家的收益。涉及的颜色和国家越多，他们就越有可能得到有意义的发现——但这不过是巧合罢了。

那名数据分析师坚持继续测试，搜集了更多关于英国的数据。青色带来的影响消失后，分析师并不感到惊讶。事实上，首页为青色时的收益比目前使用蓝色的收益还要低。

这就是得州神枪手谬误 1：测试大量理论，然后重点关注结果中最有意义的测试。以下为谬误 2 的例子。

另一家互联网营销公司 TryAnything 向填写网站首页问卷的

访问者免费赠送样品。随后，TryAnything 运用数据挖掘软件寻找回答问卷与收到样品后回购产品的用户之间有何相关系数。软件惊奇地发现，购买行为与消费者姓氏的长度有关联——姓氏中包含九个以上字母的人更有可能购买产品。TryAnything 的经理认为姓氏长度可能代表了种族，他们没有询问任何关于种族的问题，担心会冒犯他人，但他们的产品可能对某些群体来说更有吸引力，也可能并非如此。TryAnything 的管理层觉得，他们不需要弄清缘由。他们有昂贵的软件和强大的电脑足矣。数据就是他们想要的全部。

如果 QuickStop 那名心存质疑的数据分析师在 TryAnything 任职，他肯定也会说这是数据犯规。数据挖掘程序在交叉分析问卷时，并没有特定的理论指导。问卷有很多问题，肯定会有某些回答与产品销售相关——这不过又是巧合罢了。可惜 QuickStop 那名数据分析师没有为 TryAnything 效力，所以该公司没能避免数据犯规的恶果。TryAnything 挑出所有长姓氏的答卷对象，然后指派销售人员逐个进行电话访问。注意，可不是预录制的宣传电话，都是领工资的真人拨打的真正的通话。这招最后一败涂地，人工拨打电话耗资巨大，几个月后便弃而不用了。

拷问数据

严谨的研究人员真的会拷问数据吗？大有人在。正因如此，曾经备受推崇的大神才会提出使其如今名誉扫地的想法，如喝咖啡会导致胰脏癌、患病之人能被千里之外的医者的正能量治愈、以女性名称命名的飓风更具杀伤力。

心理学研究生尼克·布朗称，一名高年级研究生给他提了一个似乎很有帮助的建议："你想知道怎么做吗？我们有很多不成熟的想法，然后做大量的实验，无论我们得到什么数据，都假装这正是我们想要的。"

这种草率的态度和想尽办法获取可以发表的结果的压力，导致发表了很多牵强附会、站不住脚、纯粹垃圾的研究。美国可重复性项目（Reproducibility Project）计划复制 100 项已在三家颇具声望的认知和社会心理学期刊发表的研究，但只成功复制了 36 项。我们会在后面的章节讲述对医学期刊的统计情况，它们也好不到哪儿去。这些都是顶级期刊中的最佳研究，其他次级期刊中的统计结果也就可想而知了。

学术性研究和商业性研究的最大区别在于，学术界人士可以通过发表研究成果名利双收，而商界研究人员通常要对研究项目保密，因为这些项目都很有可能成为有利可图的专利信息。谷歌不会分享它的搜索算法，高盛也不会分享它的股票交易算法。

然而，这两个领域的研究人员也有相同之处。事实上，很多人都同时涉足这两个领域，比如，我会发表自己的学术研究成果，也会提供不公开发表的咨询服务。相信很多人和我一样。

从事学术性和商业性研究都要接受同样的训练，采用同样的技术，承受同样的压力。学术界研究人士提出有意思的实证发现后会受到嘉奖，商界的研究人员也享有同样的待遇；前者如果没有新的发现或有意思的成果就会受到冷落或面临经费短缺，但至少还抱着铁饭碗，而后者如果一无所获就只能卷铺盖走人。

大多数拷问数据的商业性研究都因私有协议保护而未公之于众，同时，学术期刊上也发表了很多采用拷问数据方法的研究。下面我们就来深入了解一下数据是如何被虐的。

倒摄回忆

有些研究人员不仅对拷问数据毫无歉意，甚至还鼓励这种做法。著名的社会心理学家达里尔·贝姆写道：

传统的研究过程是先从某个理论中提取一组假说，接着设计和进行研究来检验这组假说，分析数据看看这组假说是被证实还是被证伪，然后按照事件发生的时间顺序写成期刊文章……但如今的研究过程已经不是这样了。心理学的研究过程比这样的过程更加激动人心。

他继续写道：

从每个角度检验（数据），分析不同性别，编造综合指数。

如果有数据预示新的假设，设法从不同数据中找到更多证据。如果看到有意思的模型的蛛丝马迹，尝试通过重新组织数据将其变成更明显的特征。如果出现你不喜欢的参与者，或向你提供异常结果的实验者、观察者或访问者，暂时将他们放在一边，看看是否会出现清晰的模型。继续进行摸底调查，寻找那些有意思的发现，来者不拒。

贝姆采用"摸底调查"的方法，的确能够发现一些令人难以置信的事情。2011 年，他在一篇名为"感知未来"（Feeling the Future）的文章中指出，在电脑屏幕上随机播放色情图片时，有 53% 的受试者能提前猜到图片会出现在屏幕的左边还是右边。贝姆的摸底调查实验使用了五种类型的图片，他选择强调的是唯一具有统计学意义的那种。引人注目的是，即便运用了得州神枪手谬误 1，他能得到的最高概率也只有 53%，和抛硬币几乎没有两样。

贝姆更加语出惊人的是，他认为人具有"倒摄回忆"。来自康奈尔大学的本科生自愿参与实验：观看电脑屏幕上出现的 48 个单词，每三秒看一个。然后，受试学生根据指令可视化该词所指物体（如在看到"tree"这个词的时候，想象树的样子）。看完 48 个单词后，受试学生被要求输入所有能记住的单词。接着，从这 48 个单词中随机抽取 24 个向受试学生展示，并让他们完成各种有助于记忆所抽取单词的任务，例如，点击与树相关的词或重新输入这些词。贝姆的报告称，如果学生在看完屏幕展示的所有词后学习某个单词，那么他们在进行回忆测试时记起该单词的可能性更高。例如，如果他们在屏幕展示后，用点儿技巧记忆"tree"这个单词，那么在回忆测试时，他们记起这个单词的概率就会提高。

仔细想想这其中的言外之意：康奈尔大学的学生整个学期都争分夺秒，到学期结束后开始复习备考，但那时已经考完试了；互联网广告商可以在消费者做出是否购物的决定后，通过广告宣传来提高销量。

不出所料，其他研究人员无法得出和贝姆一样的结果。发表了贝姆《感知未来》一文的期刊，一年后又刊登了题为"痛改前非"（Correcting the Past）的文章，由来自四所大学的四名教授联合撰写。他们在文中表示，有七项实验试图复制贝姆的"人能感知未来"这一观点，但"并没有发现支持这一说法的证据"。对贝姆牵强观点的确凿反驳可谓火上浇油，激起了更大范围的质疑——这种论文怎么就在享有声望的期刊上发表了？此外人们还得知，尝试反驳贝姆观点的其他研究都被期刊拒绝发表，因为这些期刊都有政策规定，不发表复制性实验；还有一种情况是，建议不予发表的评委就是贝姆本人。

金钱启动效应

我受邀参加谷歌的年度学术性聚会 Sci Foo 2015，约有 250

名科学家、作家和政策制定者齐聚谷歌在加州山景城的公司总部。开幕当晚，在与一名社会心理学家交流的过程中，我了解到一些有趣的实验。将 3~6 岁的波兰孩子（这个年龄段的群体对金钱没有概念）分为两组，要求其中一组按颜色给纸币分类，另一组则按颜色给纽扣分类。然后让这些孩子都进入另一个房间完成迷宫图。结果发现，给纸币分类的孩子的完成度和成功率更高（工作效果更佳）。

第二项实验是，让孩子穿过房间把红色蜡笔拿回来。基于第一项实验的结果，我猜给纸币分类的孩子会拿回更多蜡笔，因为他们似乎更喜欢工作。但结果并非如此，给纸币分类的孩子拿回的蜡笔更少。据此，研究人员认为给纸币分类的孩子更不乐于助人。

这些研究人员在其发表的文章中表示，处理金钱"增加了劳动力付出，降低了乐于助人和慷慨大方的程度"，这些影响"不由金钱的面值、孩子对金钱的认知或他们的年龄决定"。

我对整个项目的第一反应就是心存质疑。不知道何为金钱的 3 岁小孩，怎么才碰一下钱就被影响了？对第二项实验结果的解释，更是加重了我心中的疑团。如果给纸币分类的孩子能取回更多蜡笔，那么这或许可以作为他们更能干的又一证据。他们带回的蜡笔更少，我的解释为他们并不能干。然而，为图方便，这被解释成他们不乐于助人。在我看来，这就像是得州神枪手谬误 2。

　　我问这名社会心理学家对贝姆的研究有何看法，她表示赞赏。我紧接着又问她如何看待承认自己捏造数据的社会心理学家德里克·斯塔佩尔，她对斯塔佩尔也称赞了一番。于是我转移了话题。

　　第二天，我在谷歌总部听到，化学家、生物学家、天体物理学家等科学家都表露出自己对"复制危机"的担忧——构思奇特的观点可以在颇负声望的期刊上发表，却无法复制，还谈到这种现象会给科学研究的可信度带来的伤害。其中有位卓越的社会心理学家表示，自己所处的领域就是不可复制研究的典型代表。他的缺省假设是，该领域发表的任何成果都有误，其原因显然是太多社会心理学家都不明白一个最根本的事实——遍搜数据从而发现一个模式，除了能证明他们为了寻找模型而搜遍了数据以外，其他什么都证明不了。我还无意中听到有一小组人在讨论，"孩子看过或摆弄过纸币就会被影响"的说法让人难以置信。

　　回到家后，我上网四处搜索关于金钱的其他研究，发现有大量文献讲到了启动（priming），分析短时记忆是如何将反应与一系列刺激物联系起来的。例如，如果让受试对象说出以 rep 开头的单词，假如他们最近见过 repair（修理）这个词，便可能回答 repair。同样，如果问他们 rebuild（重建）是不是一个单词时，在上一个单词是 repair 的情况下的回答速度比上一个单词是 swim（游泳）的快。这些结论都合情合理。

　　而"金钱启动"的说法就有些牵强附会，例如，小孩子接触金钱后变得更努力、更自私。我发现，有关"金钱启动"的论文都提出，成人在看到与金钱有关的语句（如"我们付得起这个钱"）或电脑屏幕背景图中金钱的模糊图像后，其行为均会受影响。有篇文章（和我在谷歌总部交流过的那名社会心理学家为合作作者之一）的标题颇具争议——"仅接触金钱就会增加对自由市场体制和社会不公的支持"（Mere exposure to money increases endorsement of free-market systems and social inequality）。文章作者指出：

相对于不提金钱概念来说，对金钱概念的细微提醒，都会让参与者整体上更加支持美国现行的社会制度（实验 1），尤其是自由市场资本主义制度（实验 4），更坚信受害者应该遭此命运（实验 2），更相信社会优势群体应该统治社会劣势群体（实验 3）。

真是言之凿凿！太过武断，以至于我很肯定事实并非如此。

随后，我冒出了一个很大胆的想法——复制这篇论文的实验。结果显示，找不到该文章提到的任何影响。得州神枪手谬误 1 发挥了作用，因为最初的论文忽略了那几个并不支持其结论的测试。金钱启动类文章的作者们也予以反驳，激起了第三组科学家加入此次争辩，最后得出了更加确凿的结论："选择偏倚（selection bias）、报告偏倚（reporting bias）或 P 值篡改歪曲了"所谓的金钱启动效应。

寻找就会发现

飓风"鲍勃"来袭的时候我住在科德角。新英格兰地区史上较具毁灭性的飓风之一竟然起了如此单纯善良的名字。我也万万没想到，多年以后，伊利诺伊大学的研究人员竟会认为飓风的名字至关重要。

第一次有记者问我对题为"女性名称的飓风比男性名称的飓风更有杀伤力"（Female Hurricanes are Deadlier than Male Hurricanes）的文章有何感想时，我就表示持怀疑态度。1979 年以后，飓风就开始轮流使用男性和女性的名称，似乎很难相信，飓风的名称和所造成的死亡人数会存在相关关系，而不止是偶然事件。

原来，虽然文章题目如此，但作者的论点并不在于女性名称的飓风威力更大，而在于人们并不把女性名称的飓风当一回事，不认为它们会带来致命后果，于是没有做好万全准备，这才导致更多人丧命。这项研究发表在《美国科学院院报》上，所以肯定没问题，对吗？未必。很多蹩脚的科学研究都曾在著名期刊上发表。

仔细看完这项研究后，我发现了几个更具说服力的质疑理由。

在 1950 年、1951 年和 1952 年，飓风名称都取自军事语音字母表［如 Able（埃布尔）、Baker（贝克）、Charlie（查利）等］。1953 年，所有飓风都被换成女性名称。很多女性主义者都公开谴责这种针对女性的性别歧视，罗克西·博尔顿表示："女人不是灾难，不会摧毁生命和社区，留下持久不消的惨烈后果。"1979年，便开始采用男性和女性名称轮流使用的方法，延续至今。

那项发表在《美国科学院院报》的研究也包括 1979 年之前的数据，这期间的飓风都采用女性名称命名。将 1979 年之前的数据都包括在内是很有问题的，因为这期间每场飓风造成的平均死亡人数为 29 人，1979 年之后为 16 人。女性名称的飓风造成的平均死亡人数整体上升，也是由于 1979 年以前的飓风更具杀伤力，而当时所有飓风都采用女性名称。或许，早年死亡人数更多是因为飓风威力更强（在所有飓风都采用女性名称期间，飓风平均强度为 2.26 级，之后的时期为 1.96 级）、建筑物更脆弱、提前预警更少。

没有确切方法能比较 1979 年前后的暴风预警，但是有一则传闻性证据说明如今的提前预警更频繁。1938 年 9 月 20 日，马萨诸塞州斯普林菲尔德市的报纸《斯普林菲尔德联合报》刊登了该州西部的天气预报："今日有雨，明日或将有雨。"第二天，1938 年的"大飓风"（Great Hurricane）来袭，造成该州 99 人丧命。斯普林菲尔德市的康涅狄格河水位超过了洪水水位。一共有将近 700 人丧生，财产损失估计相当于 2015 年的 50 亿美元。75年后，马萨诸塞州汤顿市美国国家气象局气象专家表示："真想不到 1938 年会发生那样的飓风，毫无预警。"

美国国家海洋及大气管理局（NOAA）于 2012 年自夸道：

NOAA 针对海洋及大气研究的投入，加上技术的发展，使得针对飓风的监测和预警获得了令人瞩目的进步。投入和技术的结合让我们拥有复杂的计算机模型、基于地面和海洋的庞大感应器网络、卫星以及飓风搜寻飞机……过去半个世纪取得的进步，大大推动了飓风预警的发展。尽管沿海居民人口不断增加，飓风造成的死亡人数还是出现了大幅下降。

即便知道 NOAA 是在自我推销，也能明显看出，将 1979 年以前飓风的危险程度等同于最近时期的是潜在的误导行为。分析 1979 年以后轮流使用男性和女性名称的飓风更具有科学效力。

《美国科学院院报》的研究还忽略了几次致命的飓风。一份报告描述了 2009 年的飓风"比尔"：

"比尔"生成的长风、巨浪和激流在美国造成了两人死亡。虽然沿岸地区都发布了危险巨浪的预警，但 8 月 24 日，还是有 1 万多人聚集在缅因州阿卡迪亚国家公园的海边观看这场飓风。一波海浪将 20 人卷入海里；11 人被送入院，一名 7 岁女孩身亡。再看其他地方，佛罗里达州新士麦那海滩上，一名 54 岁的游泳者被巨浪冲到岸上不省人事，随后丧命。

飓风"比尔"并没有被包含在《美国科学院院报》那项研究的数据中，是因为飓风"比尔"并没有真正登陆。上述插曲也能说明人们并没有把飓风"比尔"当成一回事。

该研究论文的作者写道，在他们分析的数据中，女性名称的飓风在重大风暴期间"导致"更多人丧生，但是"男性名称的飓风和女性名称的飓风对于威力较小的风暴没有影响"。这似乎说反了。分别以男性名称和女性名称命名的大飓风所造成损失的差异应该更小，以飓风"桑迪"为例，它是研究的数据中 1978 年后最致命的飓风。

首先，人们普遍认为"桑迪"是男女皆宜的名称，但是《美国科学院院报》的作者觉得它非常女性化。他们让九个人给不同的飓风名称按男性化或女性化程度打分（1~11 分），报告称"桑迪"的平均得分为 9.0（非常女性化），比"伊迪丝"（8.5）、"卡罗尔"（8.1）、"比拉"（7.3）得分还高。肯定有什么地方不对劲。我调查了 44 个人，得到的平均分为 7.25，这个结果更加合理。

2012 年 10 月 24 日，飓风"桑迪"在牙买加登陆，导致两人死亡，整座岛上 70% 的电力中断；10 月 26 日在古巴登陆，风速为 155 英里 / 小时，造成 11 人丧生，摧毁了 1.5 万多座房屋。此次飓风还导致多米尼加共和国两人死亡，海地 54 人丧命，波多黎各一人丧生。"桑迪"于 10 月 29 日在新泽西登陆前，有九位美国州长宣布该州进入紧急状态。纽约市市长迈克尔·布隆伯格下令暂停全市所有公共交通服务（包括公共汽车、地铁和铁路列车）、关闭公共学校，并在该市多个地区进行强制疏散。

尽管如此，纽约市还是有 48 人遇难，在美国其他地区还有总计 109 人丧生。虽然"桑迪"在袭击美国之前就已经导致数十人死亡，而且在任政府官员也采取了一系列格外周全的防范措施，但民众还是没有把飓风"桑迪"当一回事，就因为他们觉得"桑迪"是个女性化的名称。这种说法真的可信吗？

如果这个隐含性别歧视的理论为真，那么它在危险性不确定的风暴上应当体现得更加明显。对一个可能的世纪性大风暴的反应（新闻媒体上还播出了灾难预警）取决于飓风名称被认为是女性化还是男性化，这太说不过去了。而更加合理的说法是，没那么严重的风暴（如飓风"比尔"）更有可能被草率地当作小麻烦，而不是大危险。

有趣的是，飓风"桑迪"在新泽西登陆时，已从飓风降级为后热带气旋。《美国科学院院报》文章的作者应该将未登陆的致命飓风考虑在内吗？应该考虑致命但登陆时未达到飓风级别的风暴吗？谁知道呢？不过，这才是重点。作者还称，他们用各种变量组合推算出大量模型（得州神枪手谬误 1）。

如果强有力且出人意料的结论是通过拷问数据得出的，那么就审视一下用以拷问数据的无数决定，看看这一结论是否经得起考验，这样做会有启发意义。我运用了 1978 年之后范围更广的数据来测试文中所述结果的稳定性，包括热带风暴、飓风、太平洋风暴、未登陆或在其他国家登陆的和无美国公民伤亡的风暴。

表 6.1 和表 6.2 直接对比了男性名称和女性名称的飓风频次，

对比情况包括导致死亡、死亡人数为 1~99 人、死亡人数超过 99 人。结果并未显示出一致模型，更别说具有统计学意义上的显著差异了。平均死亡人数的对比表明，男性名称的风暴造成的平均死亡人数通常更高，尽管这并不具有统计学意义上的显著差异。

表 6.1   大西洋飓风和热带风暴造成的死亡人数

	风暴数量（个）		平均死亡人数（人）	
	女性名称	男性名称	女性名称	男性名称
风暴总数	210	210	36	131
导致死亡	111	103	68	267
死亡人数为 1~99 人	103	88	12	14
死亡人数超过 99 人	8	15	792	1 752

表 6.2   太平洋飓风和热带风暴造成的平均死亡人数

	风暴数量（个）		平均死亡人数（人）	
	女性名称	男性名称	女性名称	男性名称
风暴总数	293	286	4	8
导致死亡	42	46	28	51
死亡人数为 1~99 人	39	42	9	7
死亡人数超过 99 人	3	4	271	519

《美国科学院院报》的研究文章断言"女性名称的飓风比男性名称的飓风更有杀伤力"，这一说法经不起推敲，显然因为它采用了可疑的统计学分析方法，数据定义狭隘，还选择了所有飓风都使用女性名称的年份。

为什么优秀期刊会发表漏洞百出的研究呢？有些期刊没有资

源进行仔细审查，有些喜欢通过发表具有争议的文章提高知名度，有些则乐于接受证实他们偏见的文章。

微笑曲线

1980 年，罗纳德·里根当选美国总统时，个人所得税最高税率为 70%。当时采用的是边际税率，对征税对象收入超过特定水平的部分征税，而收入低于某一临界点则税率更低。对单身纳税人来说，70% 的税率适用于收入高于 108 300 美元的（相当于 2016 年的 302 000 美元）纳税人。对于已婚夫妻来说，70% 的税率起征点为 215 400 美元（相当于 2016 年的 600 000 美元）。实际上，富裕之家通常能找到方法减轻税负，但是，70% 的税率还是令人咋舌。里根提议减少个人所得税，这一政策即后来为人熟知的"里根经济学"。

1981 年，我与经济学家"约翰"共进午餐，他创办了一家咨询公司，为里根的经济团队出谋划策。很多人，甚至传统的共和党人都担心里根的减税提议会增加政府的财政赤字。里根的团队对这些担忧不予理会，表示需要采取全新的方法——他们所谓的"供给学派经济学"（Supply Side Economics）。

传统的凯恩斯主义需求学派经济学家指出，商业周期取决于总需求的变化，家庭支出缩减会引起经济衰退，导致其他人失业并削减开支，这就像滚下山的雪球，越滚越大，越滚越快。在需求学派的模型中，减税可减缓或阻止经济衰退，因为税收减少可促进消费。

与此相反，供给学派经济学家更关注工作意愿，而非消费意愿，强调个人所得税过高会削弱工作积极性。如果香蕉的税率上涨，人们就不会买那么多香蕉。如果所得税上涨，人们也不愿意努力工作挣钱。

大道通常至简。图 6.1 所示为拉弗曲线，据说是经济学家阿瑟·拉弗在饭店餐巾纸上画出来的。

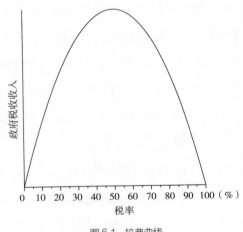

图 6.1　拉弗曲线

图 6.1 中的两个极端情况显而易见。税率为 0% 时，政府无税收收入。税率为 100% 时，无人愿意工作，所以政府也无税收收入。税率处于两个极端之间时，有人愿意工作，政府也就可获得一些税收收入。如果税收收入随着税率从 0% 上升而上升，则

肯定会在达到某一点后开始下降，才能回到税率为 100% 且政府无税收收入的那个点。

有批评者称此为"搞笑曲线"。该曲线没有理由一定是最高值位于税率为 50% 时的对称形状，也不一定是只有一个峰值的平滑曲线。供给学派的论点还忽略了一个事实，选择工作时长或辞去工作对大多数人来说只是奢望。还可以想象到的是，更高的个人所得税率会迫使一些人需要兼职第二份工作，才足以支付房贷和其他账单。

同时考虑需求和供给不失为好方法（经济学家又怎么会相信呢？），但是减税给需求带来的好处似乎被需求学派的支持者夸大了。不过在 1981 年，我还是很乐意与约翰共进午餐的，这让我有了意料之外的收获，大开眼界。

约翰的公司当时正有偿开发一个计算机模型，用以预测税率降低时政府税收收入的增加情况。随后，里根政府便可引用这个模型来证明减税会降低政府的财政赤字。

约翰知道这个模型的使用目的，但就是不知道如何将其创建出来。他试过了所有类型的模型，但是每当他使用真实数据来推算时，该模型的预测结果就指出减税会降低税收收入。他邀我吃午餐是因为他迫切需要建议。可能我会提议采用一个新模型？或者他只针对某一个历史时期？又或许可以看看其他国家的情况？

我建议他应该接受减税会减少税收收入这一事实，他对此感到不满。

里根政府从未公开约翰的模型，因此我猜测他拷问数据也没有得到想要的结论。尽管如此，里根还是如愿实行了减税措施，最高税率从 70% 降至 50%，再到 38.5%，最后，在里根于 1988年卸任时，税率低至 28%。

然而，正如大多数专业的经济学家，包括很多供给学派支持者的预测，所得税收入减少了。

这段经历特别有意思的地方是，里根政府假设，如果是计算机预测税收收入会增加，就会受到更多重视。在这一假想中似乎存在更重要的真相。最近有项实验要求数十名志愿者阅读一段关于虚构药物的描述。其中，一半人的材料里有一张图表，另一半人的则没有。该图表不过是简单直观地表达了材料内容，但还是说服了更多受试者。认为这种药物"的确会减少疾病"的人数比例从 67.7% 上升至 96.6%。科学性似乎会增加可信度。如果是计算机得出的结果，就更应该值得信任。

不怪你，怪我

如此容易上当受骗是因为我们愿意相信如果有人说了我们无法理解的事情，问题肯定出在我们身上。我们假定对方是专家，而我们不够聪明，无法理解这个聪明人在讲什么。同样，如果我们不理解计算机得出的结论，问题也肯定出在自己身上，是我们不够聪明，无法理解计算机表达的意思。

人类这种与生俱来易轻信的特性在杜克大学出版的学术杂

志《社会文本》(*Social Text*) 中有很好的体现，该杂志还被极力称赞为"站在文化理论最前沿的杂志"。纽约大学和伦敦大学学院物理学教授艾伦·索卡尔向该杂志投了一篇文章，题目让人印象深刻——"超越界线：向着量子引力变革性的解释学迈进"(Transgressing the Boundaries: Towards a Transformative Hermeneutics of Quantum Gravity)。这篇文章着实晦涩难读。例如，"类比拓扑结构在量子引力下出现，但由于涉及的多个方面都是多维的，而不是二维的，更高阶的同源群组会起作用"。该杂志的人文学编辑果然都对此印象深刻并发表了这篇文章。

这其实是场恶作剧。索卡尔故意写出这篇莫名其妙的文章，就是想看看是否会发表，结果真的发表了。

该杂志的编辑评上了"搞笑诺贝尔奖"，该奖每年颁发一次，滑稽可笑的颁奖典礼在哈佛大学举行，目的是选出"乍看令人发笑，过后发人深省"的学术成果。《社会文本》杂志编辑的颁奖词为"急切发表自己看不懂、作者承认胡编乱造且并非真实存在的研究"。

不过，编辑们没有被逗笑，而是共同提出抗议，认为索卡尔的恶作剧违反职业道德，虽然其中一名编辑仍"怀疑索卡尔那篇莫名其妙的文章根本就不成立"。

后来又发生了有趣的事情，康奈尔大学的研究生罗布·维勒做了一项实验，要求参与者基于论点质量和文章可理解度来评价索卡尔那篇莫名其妙的文章的摘录。半数人被告知作者是杰出的哈佛大学教授，另一半人被告知作者是康奈尔大学的大二学生。不出所料，认为作者是哈佛大学教授的参与者给出的评分更高。

从卓越降为优秀

吉姆·柯林斯花了 5 年时间研究 40 年来的 1 435 只股票，并确认了整个股市中表现最好的 11 家企业：雅培、美国电路城公司、房利美、吉列、金佰利、克罗格、纽柯钢铁、菲利普·莫里斯、必能宝、沃尔格林、富国银行。

将这些企业与 11 家股价疲软的同行业公司比较之后，柯林斯识别出五个明显特征，例如，第五级领导力（领导者个性谦逊，但是在职业上追求打造卓越企业）。这些恰恰就是数据挖掘软件在搜索成功企业、持久婚姻、长命百岁等的公式或秘诀后会得出的那种结论。我们知道肯定存在一些共同特征，但即便找到了也说明不了什么。

柯林斯在《从优秀到卓越》一书中做了总结，写道：

在本书中，我们直接利用数据进行实证演绎推断，阐释了所有概念。启动此次项目并非为了验证或证明某种理论。我们寻求的是直接从证据下手，凭空创建一个理论。

柯林斯认为他这么做能让自己的研究保持客观中立，不失专业水准。这一切都不是他捏造出来的，他不过是让数据带着走而已。事实上，柯林斯算是承认自己陷入了得州神枪手谬误2，他只是开心地蒙在鼓里，没有意识到数据挖掘的危害——从数据中衍生出理论。

回顾任何类别的企业发展，无论是最好的还是最差的，我们总能发现某些共同特征。你看，柯林斯所选的这 11 家企业，每一家的名称都含有字母 i 或 r，还有几家同时含有 i 和 r。确保企业名称里含有字母 i 或 r，难道就是企业从优秀走向卓越的关键吗？当然不是。

为了增强其理论的统计学合理性，柯林斯引用了一名科罗拉多大学教授的话："碰巧找到 11 家企业都显示出你发现的主要特征，而这些特征都无法通过直接比较得出的概率有多大？"该教授计算得出，此概率不足 1 700 万分之一。

这是费曼陷阱，也恰巧与费曼让学生计算车牌号得出的概率一致，都是 1 700 万分之一。先选择企业，后找共同特征，这不足为奇，也很无趣。有趣的是，这些共同特征是否有助于预测未来会有哪些企业获得成功？对这 11 家企业来说，答案是否定的。房利美的股票从 2001 年的每股 80 美元跌至 2008 年的每股不到 1 美元。美国电路城公司于 2009 年破产。就在《从优秀到卓越》出版发行后，其他 9 家企业的股票总体表现平平，其中 5 家企业的股票表现优于总体股市，而另外 4 家则差于总体股市。

选择成功企业再发现共同特征（正是数据挖掘软件所做的事

情）毫无意义，因为这等于事后诸葛亮：总会存在成功的企业，也总能找出它们的共同特征。

我做了一个愚蠢的实验来证明这一点。我在波莫纳学院教了好几年统计学，有这些年班上学生的分数。如果可以拿到班上学生特征的数据（包括身高、体重、性别、种族、喜欢的电影和音乐、就读高中的规模、会讲的语言的数量等），我就肯定能找出一些明显特征，并将此归结为在我的统计学课上表现良好的秘诀。我们当然能想出适合这些相关系数的解释：身体质量指数（BMI）低的学生更加活跃，就读的高中规模小的学生更加自信。如果这些相同特征与统计学分数呈反比例关系，我们也可以硬造出解释：身体质量指数低的学生会花很多时间锻炼，就读的高中规模小的学生没有接受过挑战。

由于缺乏以上数据，我只能运用手头的数据——学生姓名。例如，Gary（加里）这个名字顺序包括四个字母 G-A-R-Y。我使用数据挖掘软件来探索统计学课程成绩和姓名中字母位置是如何产生联系的。成绩分为几个等级：A 为 4.0 分，B 为 3.0 分，以此类推。班上学生的平均分数为 3.03 分，比 B 稍高一点。

对名字而言，数据挖掘算法发现，当名字中的第七个字母为 D 时，学生的分数提高了 0.94 分；第二个字母为 D 时，提高了 0.81 分；第五个字母为 D 时，提高了 0.79 分。相反，当第四个字母为 D 时，分数下降了 0.96 分。最糟糕的是，当第八个字母为 G 时，分数下降了 1.85 分。

再来看看姓氏，当第四个字母为 V、第六个字母为 B、第五个字母为 C 时，分数均提高大约 1 分，但当第二个字母为 M 时，分数减少 2 分。

这简直就是胡扯，尽管数据挖掘程序对此并不知情，因为它不知道分数和名字是什么意思。如果我用身高、体重等信息来做同样的实验，指不定会为最终的"知识发现"编出什么解释。我故意选择毫无意义的特征是为了说明，在事情发生之后，怎样都能找到与企业成功或学生的好成绩相关的模型。找到这些特征是意料之中的事情，但并不意味着它们就是迈向成功的关键。

攻击性和吸引力

12 名年过 40 岁的已婚女性观看 20 名 20 岁出头的已婚男性玩街头篮球的视频。受试女性给视频里每一名男性的攻击性和外形吸引力评分，然后以平均分进行排名，1 为最高，20 为最低。

如图 6.2 的排名散点图所示，攻击性排名越高的男性，吸引力排名越低，其相关系数竟然为 -0.93。尽管人们普遍认为，女生会被"坏男生"吸引，但这项研究说明，年至 40 岁的女性并不会被攻击性强的男性吸引，可能是因为她们已经懂得危险和鲁莽的行为会导致严重后果。她们更倾心于稳重和自制力强的男性。

我现在就能想象到网上的那些故事情节。男同胞们，注意行为举止，收好那些睾酮丸。

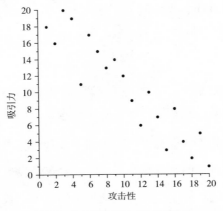

图 6.2 攻击性和吸引力关系的散点图

你被说服了吗？这些结果、统计学分析和图表都由计算机得出，所以肯定都是正确无误的。不过，数学计算正确并不一定代表结论是有说服力的。

如果我告诉你，图 6.2 所示的攻击性和吸引力的关系，是通过搜遍包括这 20 名男性的 1 000 个特征的庞大数据集而得出的，那会怎么样？大多数特点非常不相关，但还是存在一些令人惊叹的统计学关系——最让人惊叹的是攻击性和吸引力之间的负相关系数。

确实，进行这项研究的教授并不意在寻找这一特别的关系，但很明显它是存在的。确实，如果结果显示为正相关，该教授会得到不同的结论，即女人会被具有攻击性的男人吸引。但最重要的一点是，这名教授找到了一种强有力的实证关系，这是不容置疑的。

现在，愤世嫉俗的人可能会表示，那名教授是在 1 000 个变量中找相关系数。即使数据只是无意义的噪声，仅凭运气，他也会找到一些统计学意义上的强相关系数。

那名教授可能会火冒三丈，解释说这些都不是随机数据，它们反映的都是真实特征，揭示的是攻击性和吸引力之间的真实关系，没有人能质疑这种关系的说服力。那名教授一定发现了重要的真相，因为其统计学关系如此显而易见。这就是数据挖掘和知识发现之间的真相。

好了，该说实话了：没有什么视频，也没有排名。我就是那名教授，是我用计算机随机数字生成器从 1~20 中随机挑选了 1 000 次，然后运用数据挖掘软件搜遍这些数据，寻找"意料之外"的关系。图 6.2 显示的是随机排在第 462 位和第 594 位的数据，在我发现它们后，我将其标记为攻击性和吸引力。这也正切中要点，搜遍大量数据库来寻找统计学关联，就会找到让人印象深刻的关联，即使数据只是随机数字而已。发现这类关联证明不了什么，除了这些数据都被搜了个底朝天的事实。

数据挖掘也许不是知识发现，而是噪声发现。

达特茅斯三文鱼研究

标准的神经科学实验是这样的：一名志愿者位于磁共振成像（MRI）机里，观看不同图像并回答有关图像的问题。fMRI 可测量含氧与脱氧血流经过大脑时的磁信号阻断情况。测试结束后，研究人员要观看 13 万张体素图像［即 3D（三维）数据］，查出大脑哪些部位受到了图像和问题的刺激。

fMRI 测试方法有噪声源，包括来自周围环境中的磁信号和大脑不同部位脂肪组织密度的变化。体素有时会漏记大脑活动，有时又显示出没出现过的大脑活动。

达特茅斯大学研究生克雷格·贝内特进行了一项不寻常的实验，他向三文鱼展示图片并提出问题，然后通过 MRI 机研究三文鱼的脑部活动。接下来，精巧复杂的统计学分析发现了明显的模型。

这项实验最有趣的地方并非研究的对象三文鱼，而是这是一条死鱼。没错，贝内特在当地市场买了一条死的三文鱼，放到了 MRI 机里，向它播放图片并提出问题。在大量体素图像中，一些随机出现的噪声也被记录在内，被当成了三文鱼对图片和问题做出的反应。除了没有记录这条三文鱼已经死了。

这项对死三文鱼的研究比大多数 fMRI 研究引起了更多人的关注，甚至还获得了"搞笑诺贝尔奖"。

这项研究还是有些人对"大数据"进行数据挖掘来寻找模型的绝佳类比，只不过那些"大数据"包含的数据要多得多，会找出荒唐至极的关联性。

骗子，骗子

满怀希望的人们搜遍数据寻找称霸股市和喜中彩票的方法，随之而来的是可笑牵强的说法，如"超级碗指标"或让名为Mary（玛丽）的朋友帮自己买彩票。千万别被这些鬼话忽悠。

假如足够努力，即便在随机生成的数据中，我们也总能找到模型。无论找到的模型有多令人震惊，我们还是需要合理的理论来解释它，否则，我们得到的就不过是巧合事件罢了。更多例子请参阅我的另一本书《简单统计学：如何轻松识破一本正经的胡说八道》，例如：亚洲裔美国人容易在每月 4 号发作心脏病、通过庆祝重要事件能推迟自己的死亡等说法。

作为人类，我们能够识别不合情理的说法，谨记那个死三文鱼研究的教训，但是计算机做不到。

没错，人类研究员过度进行数据挖掘，已经造成了一场复制危机。严谨的研究人员如今正在努力寻求有效方式来减少数据挖掘的使用。有人提议，期刊不应坚持采用具有统计学意义的结果，因为这引诱研究人员跳入了数据挖掘的陷阱。

挖掘大数据的人工智能算法是往错误方向迈进的一大步，这错误的一步会让复制危机加剧，变成复制灾难。计算机永远不会真正理解的根本事实是，合理的模型比仅仅同数据吻合的模型更有用。人工智能算法只懂得怎么拷问数据。

第 7 章

无所不包的"厨房水槽法"

20世纪80年代，我曾与一名经济学教授交谈，他根据图7.1所示的简单相关系数给一家大银行进行预测。如果想要预测消费性支出，他便制作收入和支出的散点图，然后用透明尺子画出一条似乎与数据一致的线。根据他的预测，若收入增加，支出也会增加。

　　这名教授的散点图的问题在于，世界并非如此简单。收入会影响支出，财富状况也会。如果教授恰巧利用收入增加（支出增加）、股市暴跌（支出减少）时期的数据来画散点图，而财富的影响力又大于收入的影响力从而导致支出减少（如图7.2所示）那又会怎么样呢？据此，教授的收入和支出散点图将预测：收入增加，则支出减少。之后，当他试图预测在某一收入和财富都增加的时期支出的变化趋势时，他会预测到支出呈下降趋势，这简直错得离谱。

　　此时需要运用多元回归分析。

　　多元回归模型含有多个解释变量。例如，消费性支出模型可表示为：

$$C = a + bY + cW$$

C代表消费性支出，Y代表家庭收入，W代表财富状况。

以上解释变量的罗列顺序并不重要。重要的是将哪些变量纳入该模型，哪些排除在外。回归分析的技巧重点在于选择重要的解释变量，忽略不重要的解释变量。

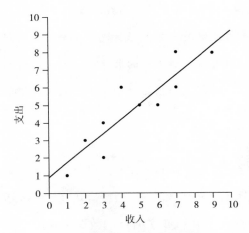

图 7.1　收入和支出的正相关关系散点图

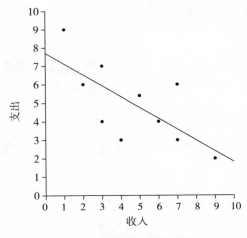

图 7.2　收入和支出的负相关关系散点图

系数 b 计算财富状况保持不变时收入增加对支出的影响，而系数 c 计算收入保持不变时财富增加对支出的影响。推算这些系数的数学过程非常复杂，但是原理很简单：为用来推算模型的数据选择能最佳地预测消费性支出的推算。

我们已经在第 4 章了解到，在比较支出、收入和财富这些都会随时间推移而增加的变量时会出现"假性相关系数"。为确保不被假性相关系数误导，我要看的是去除通胀因素后的支出、收入和财富的年度百分比变化。

我使用统计学软件来计算美国年度数据的回归线：

$$C = 0.62 + 0.73Y + 0.09W$$

财富保持不变，收入每增加 1%，支出预计会增加 0.73%。收入保持不变，财富每增加 1%，支出预计会增加 0.09%。图 7.3 为实际支出的百分比与预测支出的百分比的变化对比图，相关系数竟惊人地达到 0.82。

财富的系数看似很小，但是财富的变化通常很大。有好几年，财富增加或下降的幅度超过 10%，根据我们的模型预测，消费性支出会下降 0.9%，这就形成了经济扩张和衰退之别。

多元回归模型的效力极大，远比简单的相关系数大得多，因为它将多个解释变量考虑在内。这就是为什么多元回归模型是较重要的统计学工具之一。

然而，多元回归模型用于数据挖掘时也非常容易出现滥用的情况。

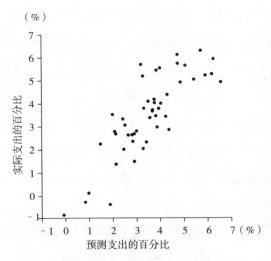

图 7.3　美国家庭的预测支出与实际支出的百分比变化

预测总统大选

在统计学课上，我要求学生列出自认为可以决定总统大选结果的因素。他们提到了经济、候选人个性、国家是否处于战时状态等。我将他们的想法写在白板上，然后展示我的模型。

100 多年来，美国总统大选通常都是民主党和共和党两党的总统候选人之争。执政党的总统候选人要么是总统本人，要么是总统所在党派的提名候选人。2012 年，竞选第二任期的贝拉克·奥巴马就是执政党的总统候选人。2016 年，取代已连任两届的奥巴马而参加竞选的希拉里·克林顿，就是总统所在党派的提名候选人。

执政党具备很多优势，包括有更便捷的渠道接触媒体、筹集资金。执政党可以吸引渴望稳定和对现状满意的民众。另外，对经济、战争等问题感到不满的选民可能会投票支持挑战者，即替换候选人。据估计，总统候选人与挑战候选人的优势比为 4∶6，尽管最终结果显然取决于具体候选人和历史环境。

如果我告诉学生，我只根据执政党的提名候选人是否为总统就能预测执政党在两党投票中的得票率，他们肯定认为我是在开玩笑。他们完全有理由这么认为。我们都知道在任总统什么时候表现好（罗纳德·里根得票率为 59%），什么时候表现不好（吉米·卡特得票率为 44%）。

但是，如果我还将候选人是否曾任州长和参议员等因素都考虑在内会怎么样？我向学生展示了以下多元回归模型，该模型是我利用过去 10 次总统大选（1980—2016 年）的结果推算而来的：

$$i\% = 78.31 - 7.35iP - 13.07iV + 7.93cV - 27.20iS +$$
$$14.75cS - 34.46iG + 8.20cG - 19.54iR + 3.49cR$$

这些变量分别代表：

$i\%$ = 执政党候选人获得的主要党派投票百分比

iP = 执政党候选人是总统时等于 1，否则等于 0

iV = 执政党候选人担任过美国副总统时等于 1，否则等于 0

cV = 挑战者党候选人担任过美国副总统时等于 1，否则等于 0

iS = 执政党候选人担任过美国参议员时等于 1，否则等于 0

cS = 挑战者党候选人担任过美国参议员时等于 1，否则等于 0

iG = 执政党候选人担任过美国州长时等于 1，否则等于 0

cG = 挑战者党候选人担任过美国州长时等于 1，否则等于 0

iR = 执政党候选人担任过美国众议员时等于 1，否则等于 0

cR = 挑战者党候选人担任过美国众议员时等于 1，否则等于 0

我并不考虑经济、候选人个性以及我的学生认为重要的其他因素。我选择一些依稀相关的因素，并得到了准确无误的关联，因为我的等式可以完美地预测这 10 次总统大选的所有结果。例如，我的模型对希拉里·克林顿在 2016 年两党投票中的预测结果为 51.11%，正等于她的实际得票率。

当我的学生看到模型与数据完全匹配时，他们不禁认为我已经找到了预测总统大选的神器。我的模型并不包括他们认为重要的任何因素，但是它看上去很合理，因为它使用了与总统候选人背景相关的解释变量。最重要的是，我的模型与数据非常吻合，因此它肯定正确，是学生自己犯错了。

然后，我又给他们展示第二个完全符合 1980—2016 年 10 次总统大选数据的模型：

$$i\% = 84.79 - 1.62T1 - 0.30T2 - 0.04T3 - 0.54T4+$$

$$2.94T5 - 0.39T6 + 0.60T7 + 0.14T8 - 1.05T9$$

这 9 个解释变量均为大选之日的最高气温，分别来自 9 座城市，并且这些城市所在的大州只有极少数选票：

T1 = 蒙大拿州博兹曼市的最高气温

T2 = 内布拉斯加州布罗肯鲍市的最高气温

T3 = 佛蒙特州伯灵顿市的最高气温

T4 = 缅因州卡里布市的最高气温

T5 = 怀俄明州科迪市的最高气温

T6 = 特拉华州多佛市的最高气温

T7 = 西弗吉尼亚州艾尔肯斯市的最高气温

T8 = 北达科他州法戈市的最高气温

T9 = 爱达荷州波卡特洛市的最高气温

之所以选择这些城市，是因为我喜欢它们的名字，也能找到它们早至 1940 年的每日天气数据。

现在，我的学生都感到困惑了，同时还有很多人心存疑虑。这些都是我一手捏造的吗？博兹曼市或布罗肯鲍市的气温怎么会对总统大选造成实质影响呢？为什么执政党候选人获得的选票与博兹曼市的温暖天气存在负相关系数，而与科迪市的温暖天气存在正相关系数？完全没有符合逻辑的解释，但这个模型却与数据非常吻合。

总统大选可能会受到天气影响。这可能是搜遍数据才能发现的、意料之外的关系。我可能偶然做到了知识发现，证明了数据挖掘的威力。你是否也不禁信以为真了？

所以，我决定让模型看似更加荒唐。我推算出第三个与1980—2016 年 10 次总统大选数据完全相符的模型：

$$i\% = 33.73 - 0.01R1 + 0.26R2 + 0.21R3 + 0.20R4 -$$
$$0.01R5 + 0.19R6 + 0.01R7 - 0.33R8 - 0.18R9$$

这一次，解释变量的确都是随机得来的。我使用了计算机软件随机生成两位数的数字，这些数字与现实世界没有一点关系，与总统选举年期间美国发生的事情更没有关系。但是，该模型与数据的匹配度还是非常高。

尽管我的学生满腹疑团，但这一切确实并非我无中生有。不过，我确实有个秘诀。

独家秘诀

假设我想解释为什么 2016 年底的股价会比 2015 年底的高10%，并且我声称这一切都是因为天气。具体来说，是因为位于加利福尼亚州中央山谷的波特维尔小镇的天气，我父亲就在那里长大。你会认为我疯了，而如果我真的这么想，那么你说得也没错。但是,你先听我把话说完。

图 7.4 所示的数据散点图为 2015 年和 2016 年最后一天的标准普尔 500 指数以及波特维尔的最低气温。图中显示两者存在绝对完美的相关关系。这两个变量之间的相关性为 1。股价完全可以根据我父亲家乡的气温变化来预测。谁能想到呢?

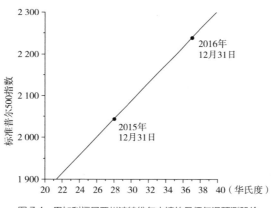

图 7.4　用加利福尼亚州波特维尔小镇的最低气温预测股价

秘诀(这当然少不了)就是,散点图中的两点之间总会存在完美的线性关系。我还可以选择 1974 年和 1997 年出生的、名叫克莱尔的新生儿数量,或是圣安东尼奥马刺篮球队在 2012 年和 2015 年的获胜场数。这些数据和标准普尔 500 指数之间同样会存在完美的线性关系,因为连接两点总会出现一条直线。

然而,这种拟合关系却毫无用处。任何试图通过波特维尔的气温来预测股价的人,都会以失败而告终。

我在二维图表中使用两个数据点,说明这种荒唐的想法适

173

用于采用更多数据的、更复杂的模型。图 7.4 使用一个解释变量（波特维尔的气温）完全匹配了两种观察结果。如果有 3 种观察结果，两种解释变量也完全匹配。即便有 10 种观察结果，9 种解释变量也是一样的情况。

这就是我得出上述三个预测 10 次总统大选的模型的方法，一个比一个离谱，秘诀在于使用 9 个解释变量，仅此而已。这 9 个解释变量也没有什么特别之处，任何 9 个都可以。重点在于，我使用这 9 个变量的目的是预测 10 次大选。

这就是所谓的"过拟合"（overfitting）数据的极端例子。在任何实证模型中，我都能通过增加越来越多的解释变量，来提高模型的解释力——在极端的例子中，可以将其提高到精确吻合的程度。变量是否合理几乎无足轻重。

这种建模方法也就是常说的"厨房水槽法"，即一股脑把所有解释变量统统塞进模型中。无法避免的问题是，即使模型与原始数据吻合度很高，使用新数据来预测也丝毫不起作用。波特维尔的天气不能准确预测股价，除非"瞎猫碰到死耗子"。我做的包含 9 个变量的总统大选模型也无法准确预测其他总统大选结果，除非歪打正着。

回看 1980 年之前的 10 次总统大选，就能看清我做的总统大选模型的缺点。如图 7.5 所示，运用时任总统情况和挑战者的数据得出的模型 1 与 1980—2016 年间的 10 次总统大选结果完全吻合，但是与 1980 年之前的 10 次总统大选的结果却截然不同。

该模型预测理查德·尼克松会在 1972 年的大选中惨败，普选得票率仅为 29%。可实际上他以绝对优势取胜，普选得票率高达62%。尼克松拿下了除马萨诸塞州之外的各个大州，这个"海湾之州"的一些民众还在保险杠上贴了贴纸："别怪我们。"

模型 1 对 1956 年和 1964 年总统大选的预测结果更是一塌糊涂，竟然预测德怀特·艾森豪威尔在 1956 年的得票率高达几乎不可能的 79%（实际结果为 58%），还预测林登·约翰逊在 1964 年的得票率低至几乎不可能的 26%（实际结果为 61%）。

我过度拟合了最近那 10 年的总统大选数据，随后尝试预测早前的大选结果（以失败而告终）。我同样也可以通过过度拟合早前 10 年的总统大选结果来推算系数，然后再用这个模型来预测最近 10 年的总统大选结果。如图 7.6 所示，修订版模型与1940—1976 年之间的 10 次总统竞选结果完全吻合，但对最近 10 年的总统大选的预测结果却糟糕透顶。

图 7.5 使用 1980—2016 年过拟合数据预测总统大选

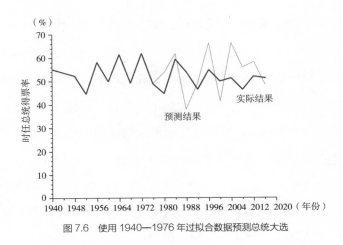

图 7.6　使用 1940—1976 年过拟合数据预测总统大选

　　模型 2 和模型 3 的情况与此如出一辙。如图 7.7 所示，气温模型与用来推算该模型的数据完全吻合，但是对其他年份大选结果的预测却不尽如人意。该模型预测富兰克林·罗斯福在 1940 年大选中的得票率为 −11%（没错，就是负数），而他的实际得票率为 55%。

　　坦白说，使用 9 个解释变量来预测 10 次总统大选是个极端例子。我这么做是想说明一个普遍原理，那就是即使在回归模型中增加毫无意义的解释变量也会提高模型的吻合度。

　　在预测总统大选的天气模型中，我们不需要添加全部 9 个解释变量才能达到很高的吻合度，即便只有 5 个解释变量（即伯灵顿市、科迪市、多佛市、艾尔肯斯市和波卡特洛市的天气），天气模型预测结果与实际得票率之间的相关系数也会达到 0.94：

$$i\% = 72.75 - 0.38T3 + 0.59T5 + 0.40T6 - 0.38T7 - 0.65T9$$

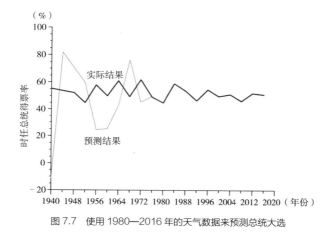

图 7.7　使用 1980—2016 年的天气数据来预测总统大选

如图 7.8 所示，显然，这个包含 5 个解释变量的天气模型与 1980—2016 年的大选数据高度吻合，而与 1940—1976 年的数据大相径庭：

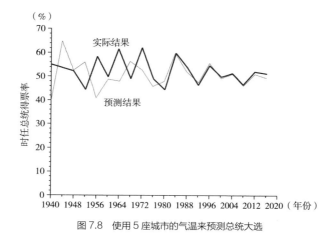

图 7.8　使用 5 座城市的气温来预测总统大选

我们还能以更少的解释变量达到很高的吻合度。包括 4 座城市（伯灵顿市、科迪市、艾尔肯斯市和波卡特洛市）的天气数据的模型与 1989—2016 年大选结果的相关系数为 0.86，而包括 3 座城市（科迪市、艾尔肯斯市和波卡特洛市）的数据时相关系数为 0.79。

如果将该模型与 1940—1976 年的数据匹配，情况也是一样。包括 4 座城市（布罗肯鲍市、多佛市、艾尔肯斯市和法戈市）的天气数据的模型与 1940—1976 年大选结果的相关系数为 0.89；而包括 3 座城市（布罗肯鲍市、艾尔肯斯市和法戈市）的天气数据时相关系数为 0.86。

我选出这些城市的依据是什么呢？我有 25 座城市每日最高和最低气温的数据，使用数据挖掘软件将这 50 个变量的所有可能组合统统考虑在内，然后识别出与总统大选结果吻合度最高的组合。

结果显示，1980—2016 年吻合度最高的城市与 1940—1976 年吻合度最高的城市截然不同，因为该模型没有理论基础。这些我用来寻找假性相关系数的数据本质上是随机的。任何差强人意的数据挖掘程序都能得到同样毫无意义的结果，而且还根本不知道这些都是无稽之谈。

如果解释变量减少，随机变量模式也还是能与数据高度吻合，如解释变量减至 5 个，相关系数为 0.97；减至 4 个，相关系数为 0.95；减至 3 个，相关系数为 0.89。一切都与天气模型非常相似，如果某一年的数据没有拿来推算该模型，那么这个模型对该年度大选结果的预测毫无用处。

由此得出的结论不可忽视。数据挖掘能轻易发现包括多个解释变量的模型，即便解释变量与所要预测的变量毫无关系也能与数据达到惊人的吻合度。不足是，数据挖掘软件不能评估模型是否合理，因为对计算机软件来说，数字只是数字而已。

我们如何分辨所发现的模型是真实还是虚假的呢？只要懂得利用人类对变量的认识，就能判断所发现的模型是否具有逻辑基础。

我一直在强调这一点，是因为我与很多聪明的相关人士都交谈过，他们虽是出于好意，但始终不能完全理解找到偶然性的模型和关联性是多么轻而易举的事情，其中还包括大多数和我交流过的数据挖掘者。很多人都模糊意识到可能存在假性相关系数，但尽管如此，他们还是相信模型和关联性的统计学证据足以证明它们就是真实存在的。

2017 年，《华尔街日报》的首席经济评论员格雷格·伊普采访了一家为企业开发人工智能应用程序的公司的合伙创始人。伊普复述了此人的论点：

如果在大学学过统计学，你就会知道如何利用输入来预测输出，例如，基于身体指数、胆固醇和吸烟状况来预测死亡率。可以通过添加或取消输入来提高模型的"吻合度"。

机器学习使用强大的算法和计算机来分析更多的输入。例

179

如，数码图片中的数百万像素，不仅有数字，还有图像和声音。它从变量组合中衍生出更多变量，直至能最准确地回答问题（如"这是一张狗的图片吗"）或者能最圆满地完成任务（如"说服观看者点击本链接"）。

此言差矣！学习统计学的学生在大学里应该学到的是：仅为了提高适合度就添加或取消输入有百害而无一利。机器学习也是如此。搜遍数字、图像和声音寻求最佳匹配，这是盲目的数据挖掘，考虑的输入越多，所选变量的虚假度就可能越高。

数据挖掘的根本问题在于：它非常擅长找到匹配数据的模型，但对判断模型是否荒唐可笑完全束手无策。统计学相关系数无法替代专业人士的意见。

为现实世界建模的最佳方法是，从具有吸引力的理论学说开始（如"经济状况会影响总统大选"），然后验证模型。合理的模型可对其他数据做出有用的预测，而不是预测用来推算模型的数据。数据挖掘则是反其道而行之，它没有基础理论，因此无法区分合理与荒谬的模型。这就是为什么这些模型对于全新数据的预测结果并不可靠。

非线性模型

除了通过筛选全部解释变量，数据挖掘算法还能通过大量非线性模型来过度拟合数据。

图 7.9 所示的简单散点图使用了假设数据。图中的三个观察结果都没有在直线（线性模型）上，但还是可以看出其大致走向，如果 X 和 Y 之间确实存在因果关系，则可能有助于预测 Y 值。

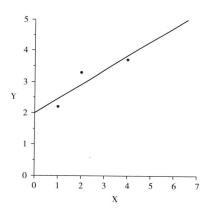

图 7.9 线性模型与三种观察结果不吻合

图 7.10 所示的非线性模型与这三个观察结果完全吻合。可以因此说图 7.10 的非线性模型是图 7.9 线性模型的改进版吗？不一定，数据挖掘算法没有合理的方式进行判断。

图 7.9 的模型显示，X 值上升，Y 值也上升，增幅保持不变。图 7.10 的模型显示，X 值上升，Y 值上升幅度越来越小直至变为负数，X 值大于 7 时，Y 值为负数。

要用与模型不吻合的 X 值来预测 Y 值，哪个模型更有效呢？看情况。如果 X 表示家庭收入，Y 表示支出，则如图 7.9 所示，收入增加时，支出也以大致相同的幅度增加，这种说法很合理。

但是如图 7.10 所示，收入增加到某个点时导致支出减少，直至降为负数，这就说不过去了。

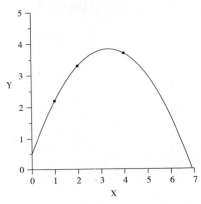

图 7.10　非线性模型与三种观察结果完全吻合

此外，假设 X 表示施给土豆苗的氮素数量，Y 表示生长状况。这种情况下，如图 7.9 所示，即每多施加一点氮素，生长就会快一些，这不合常理。对比之下图 7.10 更合理，随着氮素的用量不断增加，其对土豆苗生长的促进作用也会不断减弱。在某一点上，额外的氮素会有碍土豆苗的生长，土豆苗甚至会因为氮素过多而死亡。

数据挖掘算法如何能够决定是图 7.9 中的线性模型还是图 7.10 中的非线性模型可以更好地表示建模的事实情况呢？当然不可以只通过看哪个模型与数据更加匹配来决定！我们只能通过专家（即人类）的建议来评估哪个模型更符合现实，才能在这些或其他模型中做出选择。

　　图 7.11 展示了更极端的例子。如果存在符合逻辑的解释，这个解释似乎能将直线与所有数据完全匹配，将直线附近的点解释为模型之外其他因素造成的不可避免的波动。除非发生剧烈变动，否则利用线性模型应该可以做出合理精确的预测。

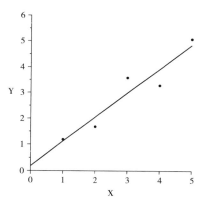

图 7.11　合理的线性模型

　　图 7.12 显示了数据挖掘算法为了完全匹配数据而选择过度复杂的非线性模型后出现的混乱趋势。尽管与原始数据完全吻合，但只要输入新的 X 值，该非线性模型的预测结果就肯定会差之千里，甚至会令人匪夷所思。

　　问题自始至终都在于，数据挖掘算法寻找模型（这也是它非常擅长的事情），但是没有办法评估自己找到的模型。spending（花费）、income（收入）和 wealth（财富）等词语都只是字母组合而已，正如奈杰尔·理查兹用自己不懂的语言玩拼字游戏那样。计算机算法不能分辨模型中应该包括哪些解释变量，也说不出线性和非线性模型哪个更合理。这些都需要人类智慧来做决定。

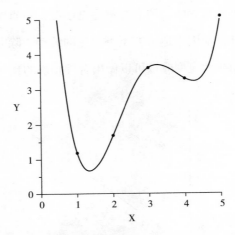

图 7.12 不合理的非线性模型

第 8 章

新瓶装旧酒

时尚界的流行风潮周而复始，基本遵照"20 年一轮回"的规律。20 世纪 90 年代经常出现在健身房和大街上的运动装，时隔 20 年之后又卷土重来。

英国经济学家丹尼斯·罗伯逊曾从理性的角度写过："我的有些学生是在运动圈里长大的，正如我时常对他们说的那样，如今，高雅的见解就像一只被追捕的野兔，如果你坚守一处或其附近，它肯定会再度回到你身边。"

同样，今天的数据挖掘者再度发现了几种曾经风靡一时的统计学工具。这些工具重获新生是因为它们的数学原理复杂中带着优美，很多数据挖掘者轻易被这种数学之美诱惑，很少有人思考深层的假定和结论是否合理。

逐步回归法

思考一下多元回归模型的数据挖掘。搜遍庞大的数据库，寻找呈现最佳拟合的解释变量组合，这种做法令人望而却步。从 100 个变量中选择的话，10 个解释变量的可能组合共有 17 万亿多种；从 1 000 个变量中选择的话，10 个解释变量的可能组合共有 10^{24} 种；从 100 万个变量中选择的话，10 个解释变量的可能组合的数量非常庞大，写下来的话，在 1 后面得写 54 个 0。

逐步回归法（stepwise regression）出现时，计算机的速度比现在慢得多，但它已经成为很流行的数据挖掘工具。这是因为比起彻底搜寻所有可能的解释变量组合，这种方法对计算的要求比较低，但还有望得出接近彻底搜寻结果的合理近似值。

"逐步"体现在计算要依次经过很多步骤，逐个考虑潜在的解释变量，其中主要有三个分步操作。

首先，按照向前选择变量原则，选取与预测目标变量具有最高相关系数的解释变量。其次，引入第二个使拟合度最大化的变量。最后，再引入第三个使拟合度最佳的变量，如此循环往复，直至拟合度的增加超过预先设定的最小值。所有可能的解释变量都依照逐步回归并删除的原则，然后逐个剔除变量，而且每次都只剔除对拟合度影响最小的变量。

另一个常见的分步操作是双向的，结合了向前选择和向后删除。就向前选择而言，数据挖掘最开始会选择与预测目标变量相关系数最高的解释变量，然后逐个引入变量。巧妙之处在于，每一步中，该步骤都考虑到剔除原先引入变量的统计学后果。因此，变量可能在第二步被引入，在第五步被剔除，然后又在第九步被引入。

上述所有的分步操作有何共同之处呢？它们都是全自动的规则，只需考虑统计学相关系数，不必关心引入或排除那些变量是否合理。这是快速版的数据挖掘。

有人建议基于系数的"大小"引入或减少回归模型中的变量，无论这是否有意义。这不是我捏造出来的。软件程序怎么能比较身为美国参议员的执政党候选人和内布拉斯加州布罗肯鲍市的气温之间的相关关系呢？此外，变量应包含在模型内是因为从逻辑上来说它们归属于模型，而不是基于其推算系数的大小。

我用不同模型做了几项实验，这些模型含有 100 个值，其中有 5 个确实能决定预测结果的真实变量和若干由随机数字生成器生成的虚假变量，不过，这些虚假变量可能碰巧与预测变量相关联。我在应用逐步回归法时发现，如果考虑 100 个变量，其中 5 个为真，95 个为假，由分步操作挑选出的变量则更有可能为虚假变量。我把考虑变量数目增至 200 个，再到 250 个时，引入变量为真实变量的可能性分别降至 15% 和 7%。大多数最终被引入分步模型中的变量都是因为假性相关关系，这种假性相关关系毫无用处，还可能有碍于采用全新数据进行的预测。

逐步回归法意在帮助研究人员处理大数据，但讽刺的是，数据越大，逐步回归的误导性就可能越大。大数据是问题所在，但逐步回归法却不是解决办法。

岭回归法

2013 年，我在一场演讲中听到"岭回归法"（ridge regression），又被称为"现代回归法"（modern regression）。岭

回归法于 20 世纪 70 年代得以发展，在 80 年代名誉扫地，但如今又重新出现在数据挖掘者的工具箱里，还有了荒唐可笑的标签——现代回归法。其变体有吉洪诺夫正则化法（Tikhonov regularization）、菲利普斯 - 图米（Phillips-Twomey）、线性正规化（linear regularization）、受限线性反演（constrained linear inversion）和其他让人印象深刻的说法。尽管被贴上了这些花哨的新标签，岭回归法也并不是新事物，如今也不会比以往具有更强的说服力，它不过是装在新瓶中的旧酒而已。

看看诺贝尔奖得主米尔顿·弗里德曼创建的消费性支出模型：

$$C = a + bY + cP$$

C 代表支出，Y 代表现期收入，P 代表永久收入。该理论指的是，家庭都不会只追求勉强糊口，仅以当前收入作为支出决定的唯一基础，它们还会考虑自己的平均或"永久"收入。

收入出现短暂性缩减的人们通常都会尽量维持其生活风格。他们必须继续支付房贷或房租，不然就会被扫地出门。他们不想让自己的孩子停止参加课外活动，不到万不得已，也不想降低自己的生活格调。

同理，收入出现短暂性增加的人们也不会急于提高生活档次、买新房或送孩子上私立学校，因为收入一旦回到正常水平，他们就不得不省吃俭用。

弗里德曼根据这一推理认为，家庭支出不仅受到现期收入的影响，还受到人们自己认为的长期平均收入的影响，也就是他所谓的永久收入。

多元回归法较吸引人的特征之一就是推算某一个变量保持不变时，另一个解释变量的影响。在 $C = a + bY + cP$ 这一支出模型中，系数 b 预测永久收入保持不变时现期收入增加对支出的影响。系数 c 预测现期收入保持不变时永久收入增加对支出的影响。

一个潜在的问题是，如果现期收入和永久收入高度相关，我们就无法精确推算它们分别对支出的影响。举个极端的例子，假设现期收入和永久收入每年都增加 3 000 美元，结果支出增加 2 000 美元。这是因为现期收入增加了 3 000 美元，还是因为永久收入增加了 3 000 美元呢？无从得知。再举一个没那么绝对的例子，现期收入和永久收入高度相关但是并非完全拟合，我们能分别推算其影响力，但是我们的推算结果可能非常不准确。

岭回归法试图通过在解释变量中引入随机噪声来摆脱这一僵局。对于现期收入和永久收入中每一个观察到的值，引入或剔除一个由随机数字生成器生成的数字。

岭回归法虽被描述为复杂的数学方程式，但它完全就等同于在解释变量中引入随机噪声。这一随机噪声让解释变量的相关度变低，制造出推算结果更精确的假象。对于在数据中引入自身造成的误差，有人打趣说是"使用更不精确的数据来获得更精确的推算"。

数据挖掘者怎会相信使用准确度更低的数据能改善推算结果

呢？然而他们真的相信。数据挖掘者都过度专注于数学计算，无法停下来思考"模型中的变量不仅是数学标记符号"这一事实。这些真实变量都是用来预测另一个真实变量的。任何思考弗里德曼模型的人肯定都会发现，如果计算的收入不准确，就无法改善支出的预测结果。

还存在第二个大问题。弗里德曼的"消费性支出的永久收入模型"还可以写成储蓄模型，即收入减去支出的差。我们可以说储蓄额增加了 300 美元，而不说收入增加 1 000 美元时，支出增加 700 美元。这些都是同一事情的不同说法。

如果用多元回归法来推算支出和储蓄方程式，会得到同样的结果。但岭回归法就不会如此！其结果取决于推算的是哪个方程式，而且并没有可选择的基础。

岭回归法模糊不清的地方之一就是，很多实践者仔细审查所谓的岭迹（ridge trace），以便决定在数据中引入多少随机噪声。我给一名热衷于使用岭回归法的朋友发送了用于弗里德曼模型四种等价表达式的数据，但不告诉他这些数据都用于等价方程式。结果证实了我的想法——岭回归法的基础不牢。因为他并没有询问所要分析数据的任何信息，它们不过是被操控的数字而已，他也不过像是一台计算机。数字就是数字，谁会知道或在乎这些数字代表什么呢？最后这位朋友推算出模型，然后交还给我四组相互矛盾的岭回归推算结果。

不仅仅是岭回归法，还有数不胜数的统计学步骤为数据挖掘者所用，但实质上都是黑匣子。他们将数字输入黑匣子然后得出结果。他们并不思考这些数据测量什么，或有何使用目的。

数据规约

第 7 章讨论了多元回归模型中过度拟合数据的问题。存在 10 个观察结果时（例如 10 次总统大选），任何 9 个解释变量都能给出完美的拟合结果，这说明该模型准确无误，但名不副实。

如果解释变量超过 9 个，就会存在无数方法获得完美拟合状态。一般原则是，当解释变量的数目与观察结果同样多或大于观察结果时，就会存在无数方法获得完美拟合状态。显然，这对大数据来说是个问题，大数据中有数百万个变量等着进行数据挖掘。

遇到处理大量解释变量的情况时，也会出现简单的可行性问题。假设我们有 100 个解释变量，想要对这些变量进行数据挖掘，找出 5 个对预测标准普尔 500 指数拟合度最高的解释变量。我们必须推算超过 7 500 万个回归方程式才能找出最佳拟合。要想找到 10 个最佳解释变量，就必须推算超过 17 万亿个多元回归模式。实际上，要想找到超过 100 个可能的解释变量，我们还要推算更多。

解释变量数不胜数，时间又如此有限，在这种情况下，数据挖掘者会怎么做呢？有两种已经存在了 100 多年的统计学工具——主成分分析和因子分析——被数据挖掘者重新当作数据规约工具，用以减少解释变量的有效数量。

主成分分析和因子分析类似岭回归法，它们都是基于变量的统计学属性，不关注数字代表的是什么。因为主成分分析和因子分析非常相似，所以我只讨论主成分分析。

假设我们预测某人发生车祸的概率，并考虑以下 5 个变量：

F = 性别，女性为 1，男性为 0

Y = 年龄，30 岁以下为 1，否则为 0

O = 年龄，60 岁以上为 1，否则为 0

T = 罚单数

D = 平均每年驾驶英里数

如果这些变量相互关联，那么检查所有变量就有些多余，我们可以使用主成分分析来决定两个加权平均值：

$$C1 = 0.30F + 0.01Y + 0.26O + 0.05T + 0.31D$$
$$C2 = 0.26F + 0.19Y + 0.24O + 0.12T + 0.14D$$

据此，我们可以推算出一个多元回归方程式，利用这两个主成分作为解释变量，代替原来的 5 个解释变量，从而预测出发生车祸的概率。

数据挖掘者认识到这种变量规约解决了变量过多的问题。他们无须推算包含 1 000 个解释变量的模式，只要推算包含 5 个或 10 个主成分的模型即可。然而，还是存在一个大问题，对减少解释变量最有效的主成分可能不利于预测某些事情，如某人是否会遭遇车祸。

在我们的例子中，C1 和 C2 的主成分权重都依据这 5 个原始变量的相关系数，我们从中无法看出性别、两个年龄变量、罚单数和驾驶英里数对遭遇车祸的概率的相关重要性。为了缩减这 5 个变量，即便赋予性别的权重比罚单数高，罚单数对预测车祸的重要性也可能更高。以减少数据为目的和以使用数据预测为目的是截然不同的。

更糟糕的是，在犹如探险的数据挖掘过程中，有些原始变量可能与车祸发生概率根本毫无关系，但它们还是被视作主成分。要记得，主成分的选择依据是解释变量之间的统计学关系，而根本没有考虑用这些成分来预测什么。

例如，某人的出生月份或喜欢吃的糖果最后有可能被视为用来预测某人是否遭遇车祸的主成分。更普遍的是，如果主成分来自成百上千个变量的数据挖掘，那么这些成分就必定会包括无意义的数据。大数据又一次成为问题所在，而主成分分析也不是解决方法。

还需讨论的是，即便并非不可能，但要解释转化的变量（如 C1 和 C2）通常也很困难。因此，评估经推算的系数是否合理也成了问题。我们预计车祸概率与 *C1* 和 *C2* 呈正相关还是负相关？经推算的系数是否合理？计算机软件不知道，运用主成分分析的人类也不知道，没有人知道。

还有一个问题是，正如岭回归法遇到的一样，解释变量中不重要的变化会影响模型系数的隐含推算。

假设我们不使用：

F ＝ 性别，女性为 1，男性为 0

而使用以下等价变量：

M ＝ 性别，男性为 1，女性为 0

这一转换并不重要，即便是一位收到过两次罚单，平均每年驾驶 1 万英里的 47 岁女性，也不会影响多元回归推算或所预测的车祸概率。

可是这个简单的转换仍会改变主成分，预测出不同的车祸概率。就像在岭回归法中一样，这是一个致命缺陷。

神经网络算法

神经网络模型最早创建于 20 世纪 40 年代，一度失去关注，现又再次时兴——也是新瓶装旧酒。"神经网络"这一标签说的是算法复制了人脑的神经网络，使网络连接具有电兴奋性的细胞，即神经元。我们并不清楚人脑是如何使用神经元来接收、储存和处理信息的，所以我们还不能按照想象用计算机模仿人脑。

神经网络算法是一种给输入分类的统计学步骤（如数字、单词、像素或声音），从而让这些数据能在被整理后输出。尽管数学让人望而生畏，但神经网络还是与其他数据挖掘算法很相似。神经网络本质上是创建输入变量的权重线性组合（很像主成分分析），并运用这些组合（很像多元回归）推算与所预测数据最佳拟合的非线性统计学模型。

推算神经网络权重的过程被宣传为"训练数据"（training data）中的"机器学习"（machine learning），表明神经网络功能犹如人脑。但是，神经网络运算并不像人类的经验学习过程。神经网络更类似回归模型中推算得出的系数，寻找模型的预测结果与被观察值最接近的那个值，不会考虑建模的含义。

神经网络算法在诸如语言翻译和视觉识别方面大有用处，将来它还会有更大的用武之地，但"神经网络能复制人类思维方式"的想法会使人产生误解。思考一下，标准回归模型中含有数据（如图 8.1 所示的简单散点图），并且回归算法得到一条拟合数据的直线（如图 8.2 所示）。我们称此数据为"训练数据"，称拟合直线为"机器学习"，但这具有误导性，甚至是虚夸，因为拟合数据的直线与人类使用大脑训练或学习的路径简直不可相提并论，就连犬类、海豚和其他动物接受训练进行学习的路径都比不上。

这就是使用神经网络。算法中拟合数据的直线都只是拟合了使用预设规则的数据，将其称为训练和学习似是而非。该算法并不知道自己在操纵什么，不理解其结果，也无从知道这些直线到底具有意义还只是碰巧而已。

你可能也猜到了，图 8.1 和图 8.2 中的两个变量又是我使用计算机随机数字生成器生成的。每个变量的每个值都由随机游走决定，变量之间相互独立。图中明显的统计学相关系数只是偶然事件，根本毫无意义。当然，机器学习算法也无从知晓这一点。数字不过是数字而已。

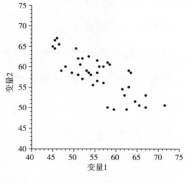

图 8.1　训练数据

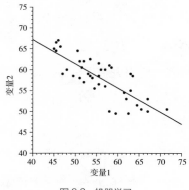

图 8.2　机器学习

早在第 3 章我们就举过例子，说明先进的神经网络如何将看似随机的圆点和图案错误识别为猎豹和海星，将戴着有色镜框的中东年轻男子错误地识别为美国电视节目主持人卡森·达利。这些例子并不旨在展示神经网络有多么不可救药，而是说明神经网络名不副实，不能像人脑那样运转。

在使用其他数据挖掘算法的过程中，不关心逻辑或理论的神经网络算法在寻找统计学模型时也一定会出现问题，例如，不关心图 8.1 和图 8.2 中的两个变量是否应该有关联，认识不到眼镜改变不了人脸。

当用于复杂的任务时，深度神经网络暴露了另一个重大缺点——晦涩难懂。没有人确切知道它如何运作，得出的结果是否值得信赖。深度学习网络还非常脆弱，图像识别软件或许能熟练识别停车标识，但如果将一部分标识模糊处理，甚至改变一个像素，都能让它被彻底蒙蔽。

被数学蒙蔽双眼

数据挖掘者有巨大的统计程序工具箱，逐步回归法、岭回归法、主成分分析、因子分析和神经网络只是其中 5 种而已。我选择这 5 种方法的原因是它们具有代表性，并且（相对来说）容易理解。

总体而言，数据挖掘工具的数学原理往往复杂精密，但仍表现稚拙，因为它们时常妄作不合情理的假定。问题在于这些假定都藏在数学背后，工具使用者往往更关注其数学原理，对假定的内容并不感兴趣。

在美国大萧条时期，数百万人失去工作、家园、农场和企业，伟大的英国经济学家约翰·梅纳德·凯恩斯批判了盛行的古典经济模型，该模型假定失业者为自行选择失业：

古典理论学家与非欧几里得世界里的欧几里得几何学者相似，他们在经验中发现，明显平行的直线通常相交，并指责线段没有保持笔直，因为这是避免出现不幸相交的唯一方法。

即便时至今日，有些经济学家还是会对批评他们模型不切实际的人回应说是这个世界出了问题，而非他们的模型。凯恩斯对这种一厢情愿的想法予以驳斥：

马尔萨斯之后的职业经济学家显然对他们的理论结果与事实观察缺乏对应的情况无动于衷……古典理论很有可能代表了我们想要的经济运行方式，但是假定经济确实如此运行，就等于假定我们的困难都不存在。

古典经济学家太痴迷于自己模型的美，而忽视了其真实性。今天的数据挖掘者使用的诸多统计学工具也是如此。

第 9 章

先吃两片阿司匹林

IBM 的"沃森"在《危险边缘》游戏中夺冠后，得到了铺天盖地的宣传，不过"沃森"的潜在价值更多体现在能够为医生、律师等需要快速准确获得信息的专业人士提供大规模的数码资料库上。

当医生怀疑病人患有某种疾病时，"沃森"可以列出可识别的症状；当医生注意到患者出现异常情况，但不确定这些症状与哪种疾病相关时，"沃森"可以列出可能的疾病；当医生确认患者得了某种疾病时，"沃森"可以列出推荐疗法。在上述每种情况下，"沃森"都会给出多种建议，随附其他相关的可能性，以及它所依据的就医记录和杂志期刊文章的超链接。

"沃森"和其他医学数据库都是宝贵的资源，可以利用计算机的能力来获取、储存和搜索信息。不过，还是有很多地方需要注意。显而易见的一点就是医学数据库远不像《危险边缘》的数据库那么可靠。人工智能算法非常擅长在数据中寻找模型，但它并不擅长评估数据的可靠性和统计学分析的合理性。

如果医生将患者的症状输入黑匣子式的数据挖掘软件并获得建议疗法，但得不到关于诊断或药方的任何解释，就可能导致悲剧性的后果。试想，出现以下情况，你会有何种反应。你的医生说："我查不出你的病因，但电脑显示要'服用这些药物'。"或者"我查不出你的病因，但电脑建议动手术"。

任何使用神经网络或数据规约程序的医学软件，如主成分分析和因子分析，都只是勉强能够为诊断和治疗提供解释。病患不知其所以然，医生也不知道，甚至开发黑匣子系统的软件工程师都不知道。总之，没人知道。

"沃森"和类似软件是极佳的参考工具，但它们无法替代医生，因为医学文献通常有误，数据挖掘软件的使用叠加了这些错误。

明早再给我打电话

几年前，我做了一次例行体检，量了身高、体重，回答了两页纸的问题，都是关于我的生活方式的（我不抽烟），还做了一大堆测试。护士量了我的体温、心率和血压，还检测了尿常规和血常规，检测目的具体是什么也不清楚。当天晚上，我接到回馈电话，被告知某项检测（我记不清是哪项了）的结果有些问题。95% 的健康人士的该项检测结果都在"正常"范围内，而我的这项检测结果"不正常"，所以显然我的身体是不健康的。

医生说："不用担心。"她让我吃两片阿司匹林，睡个好觉，第二天再回去复检。我照做了，第二天的复检结果正常，我也松了一口气。

是多亏了那两片阿司匹林，还是前一晚的好觉？可能两者皆非。最有可能的是，这不过为随机噪声。任凭哪个健康人来做那些检测，结果都会出现变动。一天中的不同时段、消化状况和个人情绪都会影响血压。摄取的食物和检测前运动与否都会影响胆固醇的检测结果。设备误差以及读数、记录、解读时的人为失误都容易影响检测结果。

如果一次检测结果碰巧过高或过低，再次检测的结果就可能会接近平均值。这种逆转情况让评估医学疗法的作用变得困难。就我的例子来说，根本不知道是阿司匹林还是睡个好觉起了作用。

有人说："如果治疗得当，感冒 14 天就会康复；如果顺其自然，病情也就持续两周。"虽然医生说"明早再给我打电话"时，听上去像是为了少点麻烦，但这就是老方法的大智慧。

即使我感冒之后吃了阿司匹林不见效，第二天早上也还是会有所好转，因为身体有极其惊人的自愈能力。假设你身上有道伤口深到流血了，肌体的血小板会凝固血液，然后结痂修复皮肤。这一切都是身体的自愈，无须任何医学干预。

"明早再给我打电话"的做法可行，原因有二。第一，医学测试无法完全准确检测病患状况。第二，病患的身体能对抗疾病，通常患病之后不进行治疗也都会有所好转。

比起不必要的担心，医学干预的后果更加严重。偶然波动引起的读数异常，会带来不必要的治疗。接受治疗后的检测结果改善，又会不知不觉让人相信是治疗见效了。

假设有一大批人进行体检，其中被检查出胆固醇指标最高的人会被告知要特别注意饮食。我们能预见到他的胆固醇指标会有所改善，即便饮食调节的指导无非就是"吃前请三思"。

此外，我们都知道，止痛药的效果因人而异，大多数医学治疗都是如此，没有完全有效或无效的疗法。如果有效果不显著或因患者情况不同而各异的情况出现，医学测试的结果就取决于哪些人被随机分配到了服用药物的实验组，哪些人被分配到了服用安慰剂的控制组。

统计学家尝试解释上述的随机变化，他们假设差异纯属偶然，然后评估实验组和控制组之间的差异和观察结果一样显著的可能性有多大。

P 值小于等于 0.05 则具有统计学意义。这意味着，没有价值的被测疗法只有 5% 的机会显示其统计学意义，也就表示仍有 5% 的无价值疗法会得到具有统计学意义的结果。

医学研究是个弱肉强食的领域，才智过人和竞争力强的科学家一辈子都在为名誉和经费而奋斗，以维持其职业发展。为了达到这一目的，这些科学家需要获得并发表具有统计学意义的结果——必要时不择手段，其中就包括得州神枪手谬误 1 和谬误 2。

研究人员只要通过大量的疗法测试就能得到有统计学意义的结果，即便他们受到了误导，测试的只是无用的疗法，在上百次无用疗法测试后，他们还是会发现其中 5% 具有统计学意义——这足以促成其文章发表，使经费提案获批。

同样，医药公司能够从临床"验证"有效的疗法中获得巨额利润。确保某些疗法得到支持的一种方法是，测试数以千计的疗法，无论遇到多少统计学障碍，运气都能确保某些无用疗法跨越所有障碍。

下面让我们一起来看三个"得州神枪手"的例子。

我要再喝一杯咖啡

20 世纪 80 年代早期，据全世界顶尖的医学期刊《新英格兰医学期刊》报道，广受赞誉的研究者、哈佛公共卫生学院院长布莱恩·迈克马宏所带领的团队发现"饮用咖啡与胰腺癌有极大关联"。这个来自哈佛大学的团队建议人们不要再喝咖啡，以降低患胰腺癌的风险。在此项研究之前，迈克马宏自己每天都喝三杯咖啡，在此之后他就再也不喝了。

这就出现了得州神枪手谬误 1 中的问题。该研究旨在调查喝酒或抽烟与患胰腺癌之间的联系，迈克马宏研究过酒类、香烟、雪茄、烟斗，没有任何发现，于是他就继续找，又研究了茶叶。最后，他终于在咖啡上有了发现：胰腺癌患者喝的咖啡多。

如果上述六项测试都单独进行，每项测试都包含一些与胰腺癌无关的因素，那么有 26% 的概率会在至少一项测试中产生一个具有统计学意义（P 值为 0.05）的关联，也就是说有 26% 的机会可以无中生有。

迈克马宏的研究还有另一个缺陷。他将患胰腺癌的住院病人与患其他疾病的病人进行对比，并且这些病人都由同一批医生负责。问题在于，这些医生通常都是胃肠专科医生，他们的很多患者都因为害怕溃疡恶化而戒了咖啡。但胰腺癌患者没有停止喝咖啡，他们中喝咖啡的人更多。所以并非喝咖啡导致了胰腺癌，而是患其他疾病的病人不再喝咖啡了。

后续研究——其中一项来自迈克马宏的团队——也未能证实最初的研究结果。这一次，他们得出的结论是："据观察，与早前研究相比，喝咖啡对男性或女性都不存在危险。"美国癌症协会也认为："最近的科学研究表明，喝咖啡和患胰腺癌、乳腺癌等癌症没有任何关系。"

更近期的研究不仅驳斥了迈克马宏最初的研究结果，而且结果显示喝咖啡（至少对男性来说）反而会降低患胰腺癌的概率！

远程治疗

20 世纪 90 年代，年轻的伊丽莎白·塔尔格医生研究了遥远的祈祷和其他积极意念是否能治愈晚期艾滋病患者。40 名艾滋病患者被分成两组。祈祷组患者的照片会被发送给有经验的远程治疗师（从佛教、基督教、犹太教信徒到萨满巫师都有），他们与病患平均相隔约 1 491 英里。非祈祷组的 20 名患者则完全靠自己。

此次测试采用"双盲"（double-blinded）程序，塔尔格和病患都不知道哪些病患是祈祷组的，以免影响测试结果。

为期六个月的研究发现，祈祷组的患者就医时间更短，罹患与艾滋病有关的疾病更少。这次研究的结果具有统计学意义，发表在享誉盛名的医学期刊上。人们出于各自的目的引用塔尔格的研究来证明上帝的存在，或是指出传统观念对心智、身体、时间和空间的认识不足。

美国国家卫生研究所给塔尔格拨款 150 万美元，用以更大规模的艾滋病患者研究和对远程治疗师能否缩小脑癌患者的恶性肿瘤的调查。就在获得拨款不久后，塔尔格自己也被诊断出得了脑癌，尽管世界各地都有治疗师为她祈祷和发送治疗能量，但她还是在四个月后去世了。

塔尔格去世后，其早前对 40 名艾滋病患者开展的研究也被查出了问题。之前，她计划对比祈祷组和非祈祷组的死亡率，然而，在为期六个月的研究进行了一个月后，"三联鸡尾酒疗法"（triple-cocktail therapy）开始流行，40 名患者中只有 1 人死亡，这表明该疗法的有效性，但它也消除了祈祷组和非祈祷组进行统计学对比的可能性。

于是，塔尔格及其同事弗雷德·西歇尔转而寻找两组之间的其他差异。他们参考了各种身体症状、生活质量测量、情绪评分和 CP4+ 指数，两组患者在这些方面均无差异。塔尔格的父亲曾经试图通过实验证明人类拥有可感知看不见的物体、读心和仅靠意念移动物体的超自然能力。他要女儿塔尔格继续寻找，只要怀有信念，相反的证据就无足轻重，只要继续在数据中搜寻支持自己信念的证据即可。最终，塔尔格找到了——住院时长和医生探访，尽管医疗保险肯定会使问题雪上加霜。

随后，塔尔格和西歇尔读到了一篇列举了 23 种与艾滋病相关的疾病的文章。他们或许可以寻找两组实验对象在这 23 种疾病上的差异。不幸的是，由于采取"双盲"安排，这些疾病的数据均未被记录。塔尔格和西歇尔坚持不懈地仔细研读受试对象的医疗记录，即便他们现在已经知道每名患者的分组情况。完成研读后，他们报告称祈祷组在某些疾病方面比非祈祷组的境况更好。这种积极主动的数据挖掘似乎没有利用数据挖掘软件就完成了。

他们发表的论文显示，该项研究是为调查具有统计学意义的几种疾病而设计的（即得州神枪手谬误 1），他们做过的其他测试都未公布，也没有说明最终数据是在研究结束后搜集到的，而且"双盲"控制也被撤销了。他们得到了想要的结果，或许是因为他们的坚持，或许是因为数据不再是双盲状态。

塔尔格的美国国家卫生研究所的研究在她去世后仍在继续。祈祷组和非祈祷组在死亡率、患病或症状方面都未发现有意义的差异。另一项规模更大的研究由哈佛医学院的研究人员执行，观察了 1 800 名处于冠状动脉搭桥术后康复期的患者，还是没有在祈祷组和非祈祷组的患者间发现明显差异。

癌症群

20 世纪 70 年代，流行病学家南希·韦特海默和物理学家埃德·利珀驾车穿过科罗拉多州丹佛市去考察一些人的住所，这些人未满 19 岁便因身患癌症离开了人世。他们试图发现这些人住所的共同特征。两人注意到，很多罹患癌症的人都住在大功率电力线附近，因此得出结论：暴露于电力线的电磁场中会导致罹患癌症。

记者保罗·布罗德为《纽约客》写了三篇文章，报道了关于电力线和癌症相关系数的其他奇闻逸事。他还做出了不详警告："数以千计没有戒备的儿童和成人会罹患癌症，其中很多人都会英年早逝，他们本不该遭此厄运，一切只因他们暴露在电力线的电磁场中。"

这种言论随之在全国造成轰动，为咨询专家、研究人员、律师和包括高斯计（测量磁感应强度的仪器）在内的各种装置提供了有利可图的机会，人们可以用高斯计在家测量电磁场的强度（电磁场读数高的房间会被封住，只用作储物间）。幸运的是，政府并没有扯掉整个国家的电力线。

此次恐慌事件的问题在于，即使癌症患者在人口中只是随机分布的，数据挖掘都更有可能发现受害者在地理上集中的地方。为了说明这一点，我虚构出一个有 1 万名居民的城市，其住所均匀分布于整座城市，每个人患癌的概率都是 1%（我忽略了家人一起居住的情况和年龄因素）。然后，我使用计算机随机数字生成器来决定谁是这座虚构城市中的癌症患者。据此得出的癌症患者分布如图 9.1 所示。每个小黑点代表住着一名癌症患者的一户人家，而白色区域即无癌症患者居住。

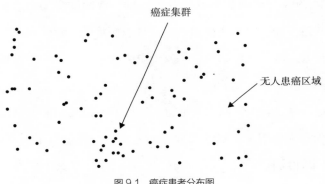

图 9.1　癌症患者分布图

　　随便一个像样的数据挖掘软件都能轻易发现，图 9.1 的底部明显有一处癌症患者集中地。如果这座城市真实存在，我们就可以驾车到患者住所附近，肯定能得到一些特别发现。或者使用数据挖掘软件搜遍数据，寻找异常状况。如果我们再将住在球场附近的居民患癌率与住所远离球场的居民患癌率相比，猜猜结果如何？球场附近的患癌率更高，这表明住在球场附近可致癌。

　　图 9.1 还显示了癌症堡垒，即无人患癌的区域。利用数据挖掘软件或驾车到附近瞧一瞧，一定会得到一些关于这个无人患癌区域的特殊发现。可能该地附近建有水塔。如果我们再将住在水塔附近的居民患癌率与住所远离水塔的居民患癌率相比，一定

能发现水塔附近的患癌率更低。这就是我们选择这个区域的原因——这里没人患癌。

无论是在球场还是水塔附近，都存在同样的问题——得州神枪手谬误2。如果我们使用数据来创造理论（小联盟球场会致癌，水塔可防癌），数据当然会支持理论了！怎么会有相反结果呢？我们会捏造出与数据不吻合的理论吗？

用来创建理论的数据肯定不适于再来检验该理论。我们需要全新的数据。其他国家的研究没有发现电磁场和癌症之间存在关联。以啮齿动物为对象的实验研究发现，比电力线所产生的更强的电磁场对死亡率、患癌率、免疫系统、生育率或出生缺陷率都没有影响。

对电力线的恐慌有什么理论基础吗？科学家非常了解电磁场，并没有任何合理理论能证明电力线的电磁场会致癌。电力线的电磁能量远比月光的电磁能量弱得多，其电磁场也比地球的磁场更弱。

权衡理论论证和实验结果后，美国国家科学院得出的结论是：电力线并没有造成公共健康危险，无须提供经费开展进一步研究，更别说撤掉电力线了。全美顶尖医学期刊也发声力挺，同意不应再把研究资源浪费在这个问题上。

1999年，《纽约客》发表了一篇题为"癌症集群之谎言"（The Cancer-Cluster Myth）的文章，含蓄地驳斥保罗·布罗德早先的报道。尽管如此，癌症集群具有意义的想法还是继续存在。互联网上，由政府赞助的交互式地图可按地理区域显示各种癌症的发病率，精细到人口普查的街区。每年都需要花费数百万美元来维护地图数据，虽然数据是最新的，但很可能具有误导性。其中一个交互式网站拥有 22 种癌症、2 种性别、4 个年龄段组别、5 个种族和 3 000 多个县的癌症死亡率数据。从数百万种可能的相关系数中，数据挖掘软件一定可以轻易发现令人恐惧的相关系数。

为了缓解这种恐惧，美国疾病控制与预防中心创建了网页平台，任何人都可以在此报告自己发现的癌症集群。即使该中心提醒："我们会对此进行后续调查，但需要花费多年时间才能完成，结果通常也不能得出定论（也就是说，通常都无法找到原因）。"每年仍有 1 000 多例癌症集群被举报和调查。

最有理有据的疗法失效了

大量已发表的医学研究都会犯那两个得州神枪手谬误：数据的随机变化只在人们忽略以下情况时有意义，即这些侥幸发现都是靠测试大量理论，或创造理论来匹配数据中的偶然模型才能得到，报告的结果随后便消失得无踪无影。这种模型在医学研究中太常见了，以至于还有专门的叫法——递减效应（decline effect）。

有些研究人员亲眼见过自己的研究出现递减效应，他们都迷惑不解，因此开始白费力气地寻求解释，尽管原因就近在眼前。

如果最初的正相关发现皆因得州神枪手谬误，那么随后的结果通常都令人失望也就不足为奇了。这就好比基于偏远城市气温进行总统大选预测那样。

看似有效的无价值疗法只是假阳性结果。另外还有假阴性结果，即有效疗法并未显示出统计学意义。仔细想想，一个测试有 5% 的机会呈假阳性，就意味着一项经受严格测试的无效疗法，其实验组和控制组之间出现统计学差异的机会为 5%。假设假阴性的概率为 10%，就表示有效疗法在测试顺利的情况下，无法显示出统计学意义的概率为 10%。

如果假阳性的概率为 5%，假阴性的为 10%，似乎我们每次都应该能分辨出有效和无效疗法之间的区别。实则不然。那要看有多少受试疗法有效，有多少无效。若所有受试疗法中，1% 为有效，99% 为无效，则结果如表 9.1 所示。

表 9.1　所有经验证的疗法中，有 85% 为无效

	有统计学意义	无统计学意义	总计
有效疗法	90	10	100
无效疗法	495	9 405	9 900
总　　计	585	9 915	10 000

测试 10 000 种疗法，其中 100 种有效。这 100 种有效疗法中，90 种会呈现具有统计学意义的结果；而另外 9 900 种无效疗法中，会有 495 种呈现具有统计学意义的假阳性结果。因此，共计 585 种测试具有统计学意义，但其中只有 90 种为真正有效的

疗法，有 85%“经验证”有效的疗法实际上毫无价值，这让人难以置信。

这一矛盾反映出有关逆概率的常见困惑。超级联赛的所有运动员都是男性，但所有男性中，只有很小一部分人为超级联赛的运动员。同理，所有有效疗法中，90% 都具有统计学意义，但所有具有统计学意义的疗法中，只有 15% 有效。

任职于希腊约阿尼纳大学、马萨诸塞州塔夫茨大学医学院和加州斯坦福大学医学院的约翰·约安尼季斯以此类运算为依据，发表了一篇以“为何大多数已发表的研究成果都有误”（Why Most Published Research Findings Are False）为题的引起争议的文章。

约安尼季斯在整个职业生涯中都在提醒医生和普通民众，不要轻易相信复制结果无法令人信服的医学测试。他那篇题目惊人的著名文章就采用了我们上述的数学算法，他的假设观点比我们的更加令人确信，而概率的表现也更加糟糕。

除了这些理论性计算，约安尼季斯还汇编列举了在现实世界中“经验证”的疗法最后无效的例子。他在一项研究中检查了 45 个发表于 1990—2003 年且广受赞誉的医学研究成果，其中仅有 34 个能使用更大样本对原始结果进行复制，这其中又只有 20 个（即 59%）证实了最初的结果，7 个所述疗法的疗效比最初推算的小得多，剩下那 7 个疗法则根本一点效果都没有。总的来说，45 项研究中仅 20 项可经证实，这些可都是最享誉盛名的研究啊！对于发表在级别较低的期刊的数千篇研究来说，情况肯定更糟糕。约安尼季斯粗略估算，90% 已发表的医学研究成果均有漏洞，其宣称有效的疗法被夸大了效果，有的疗法则毫无效果，甚至更糟。

疾病诊断和治疗中的数据挖掘

传统的统计学测试假定研究人员会以定义好的理论为起始，然后收集合适的数据来验证他们的理论。数据挖掘则另辟蹊径——数据为先，理论在后。因此，可以随意检测所有你想要检测的理论，无论这些理论是否合理。

如果医学疗法没有对整个样本显示出统计学意义，再看看其是否适用于子集；将性别、种族和年龄分开，尝试不同的年龄段；如果该疗法对你最初研究的疾病不起作用，再看看它是否有其他益处。

测试数百种疗法便是得州神枪手谬误 1 的例子：瞄准数百个目标，只报告那些击中的情况。其他医学研究则有关得州神枪手谬误 2：找到一个模式，然后为其编造解释。疾病诊断或治疗都会出现上述情况。

首先讨论一下疾病诊断。假设我们知道 100 个患者患了某种疾病，不知道另外 100 个患者患了什么疾病，然后记录下每个人的 1 000 种特征，比如血液检测、基因信息、种族、发色、瞳孔颜色和住处等。如果我们现在使用数据挖掘软件来彻查这一数据库，肯定会找到一些特征，这些特征在患病人士中比在健康人士中更加常见，而且明显能够很好地预测疾病。

例如，我能够获取 87 名女性心脏收缩血压读数的数据库，还有每名患者的 40 种特征的完整信息，有些以数字表示（如年龄），有些按类别区分（如某人是否有吸烟史）。

我使用了数据挖掘软件，来看看根据这 40 种特征预测血压的结果如何。如果我的模型契合度高，就可以用来识别其他有高血压风险的女性。我们还可以识别出其他高风险因素（可能是吸烟）并建议血压值高的女性改变行为，以降低血压。

该模型非常成功，实际血压和预测血压的相关系数达到惊人的 0.72，即 23 名受试女性的预测心脏收缩血压高于 130，符合其中 17 人的实际情况。图 9.2 为 87 名女性的预测值和实际值。

我们还可以只用病患的 5 个特征（特征 1、12、18、23 和 34）得到预测血压值和实际血压值的相关系数为 0.47，这一结果相当不错。因此，医生会重点关注这五个特征，可以预测，甚至可能控制血压升高。

那么这五个特征是什么？随机数字。我捏造了 87 名女性，使用 87 这个数字是为了提高研究的真实性。对于其中 20 个特征，我使用电脑抛硬币的方式来赋予其 1 值或 0 值。同样，抽烟者被赋予 1 值，不抽烟的人则被赋予 0 值。对于另外 20 个特征，我用电脑生成了正态分布的随机变量，均值为 100，标准差为 10。

虚假的血压数值也是正态分布，均值为 125，标准差为 10。我捏造的每一个女性及其每一个特征都与其他女性的捏造特征相互独立，与该女性的虚假血压及其另外 39 个捏造特征也相互独立。

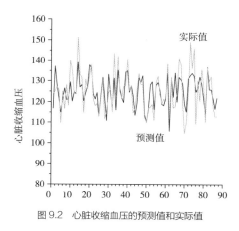

图 9.2　心脏收缩血压的预测值和实际值

　　我在这个虚假的医学数据库中填入随机数字来证明我的观点。即使数据库中记录的特征与所分析的疾病是否存在没有任何关系，数据挖掘软件也会发现具有统计学意义的关系，让人误以为获得了什么有用的发现。

　　疾病治疗也是如此。假设根据各种各样的医疗状况对病患施行尝试性疗法，使用数据挖掘软件来识别那些有所改善的疾病或疾病组合。即使患者状况的波动完全随机，与他们是否接受了治疗一点关系都没有，还是很有可能存在具有统计学意义的模式表明该疗法对某些状况有效。前面说到的远程治疗研究就是这种谬误的很好例证。

糟糠过多，精粹不足

很多神奇疗法（如胰岛素和天花疫苗）都被医疗研究发现并且证实为有效。然而，很多已发表的研究都有缺陷，这通常是因为那些数据都是为了发表而搜刮得来的。

对"沃森"等医疗建议软件来说，这是无法逾越的难题。它们都非常擅长收集、储存和搜索医疗数据和期刊文章，这一点肯定优于人类。但是它们没有常识或智慧，不知道数字和词语的意思，无法评估数据库中内容的相关性和有效性。它们也无法分辨好数据和坏数据，不能识别哪些数据受到过两种得州神枪手谬误的拷问。此外，它们还无法区分因果关系和随机事件，其数据挖掘式的"知识发现"甚至会让这一问题难上加难。

所有医疗专业人士都学过的准则是：首先不能造成伤害。有经验的医生对医学研究总会保持良性怀疑态度，对不喝咖啡、依赖远程祈祷和撤掉电力线都抱着"等等看"的态度。他们了解发表论文的压力和递减效应，对黑匣子数据挖掘心存质疑。我的私人医生对"依赖黑匣子算法开处方或提供医疗方案"的观点嗤之以鼻。

医疗软件程序可以辅助医生，但无法取代医生。

第 10 章

完胜股市（上）

从前，在诈骗专家还在寄平邮信而不是发电子邮件时，我收到了一封开头为"亲爱的朋友"的信件，一看就知道是推销产品的。不过我还是往下读，看到黄色高亮的一句话："一年内，1 000美元轻松变为3.45万美元！"真正的朋友不会将那句话标成高亮，但我仍看完了，想着可以和班上的学生分享这封胡说八道的信。毫无疑问，这就是一场骗局。

信中还提到，"无须特殊背景和学历"以及"花点儿买彩票或赌马的闲钱就能做的投资"。读到这里，我不确定是否要分享这封信，唯恐学生疑心这家公司是怎么打听到我的。我不买彩票，也不赌马。我做过什么，让这家公司认为我是个冤大头？

信中还说，与其把钱都浪费在买彩票和赌马上，我还不如通过投资低价股票致富。例如，某公司近几个月的股价从每股2美分升至69美分，投资1 000美元即可收获3.45万美元。我只要花39美元购买一份特殊的报告资料，就能进入"少数精明的'内部'投资者精心守护的领土"。

整件事的前提条件荒唐可笑。如果真的有人知道怎么把1 000美元变成3.45万美元，他们就不需要卖内部资料赚那39美元了。可是，仍有人一次次落入这种骗局，因为这些人总是想当然地认为，世界就是依照我们可以发现和利用的规律法则运行的。股价不会是随机的，肯定有其内在模式，就像日夜交替、季节轮回一样。而且让人们更容易受骗的推手，是人类贪婪的本性以及赚快钱的想法——买卖股票比当个肉贩、面包师或蜡烛生产者更容易发家致富。

令人尴尬的事实是，股价的升降起伏大多时候是随机的，不过，在随机数字中还是可以发现一些转瞬即逝的模型。如果我们用心寻找，就肯定会找到，还会被它们耍得团团转。

噪　声

人们通常会受到股市的诱惑，误以为股市里遍地黄金，伸手即来，以为自己能看准时机在上涨前买入、下跌前卖出。他们看到像信中提到的那种股票，心里会打着算盘计算自己少赚了多少，又想象自己将来能赚多少。

往回看的话，很容易发现错过了很多机会。往前看的话则很难预测股票的涨跌。股市不会白白送钱。

股市不是计算机程序，不会依照规则定价。股价会受到投资者交易意愿的影响，有买有卖。如果明显会在不久后涨到每股 69 美分，投资者肯定不愿卖出现在每股 2 美分的股票。即使只有精明的内部人士才知道股价很快就会涨到 69 美分，投资者还是会买入数百万股，刺激股价在当天就升至 69 美分。

交易价为每股 2 美分时，买方和卖方一样多，因为有人认为价格过高，也有人认为价格实惠。股价即将飙升或暴跌，从来都不是显而易见的事（如果是的话，买方和卖方之间就失去了平衡）。

难以预测股价的原因有以下两个。第一，新信息（即投资者了解到前所未知的信息）会造成股价变化。所谓新信息，顾名思义，是无法预测的，因此由新信息导致的股价变动也无法预测。第二，买卖双方都受到人类情绪和误解的影响，这些情绪和误解变幻莫测，有时并不理智，凯恩斯称其为"动物精神"（animal spirit）。

数百万投资者耗费大量时间，试图发现能成功预测股市的公式。有人无意间发现了能成功解释过去状况的规则，却不能准确预测未来趋势，这不足为奇。很多类似的交易系统都荒唐可笑，竟有人还信以为真。这些滑稽理论的共同点在于它们都是以数据挖掘为基础的。

最危险的交易系统是黑匣子模型，使用精密复杂的统计学分析挖掘复杂到难以理解的模型，如主成分分析和因子分子，因此，根本不可能知道这些模型是否合理。我们必须相信数据挖掘的发现是真实可信的，而非"愚人金"（fool's gold）[1]。

既然是黑匣子，我们就不知道这种投资模型里装的是什么，但可以从公开透明的数据挖掘系统中学到一些东西。

---

[1] 愚人金，指看上去像黄金，实则一文不值的矿物。——译者注

滑稽的理论

女性青睐高跟鞋时是牛市，选择低跟鞋时是熊市；男性爱系细领带时是牛市，爱系宽领带时为熊市。尽管《华尔街日报》表示"有些分析师持相反意见，那些到布克兄弟（Brooks Brothers）购买男装的人并没有意识到领带还有不同的宽度"。

分析师监测了太阳黑子、五大湖的水位还有阿司匹林与黄色涂料的销售量。有人认为，在以数字 5 结尾的年份，股市都会表现出色，如 1975 年、1985 年等；还有人认为，股市在以 8 结尾的年份表现最佳。长期任职于《纽约时报》的金融专栏作家伯顿·克兰曾报道，一名男子"根据他对刊登在《纽约太阳报》上连载漫画的解读提供相当成功的投资咨询服务"。《金钱》杂志曾报道，明尼阿波利斯市有名股票经纪人的选股方式是把《华尔街日报》摊开扔在地上，他的金毛猎犬的右爪第一片趾甲碰到哪只股票他就选择哪只。他认为这样做能帮他吸引客户，这也表明了他以及他的客户是什么样的人。

1987 年有三个星期五是 13 号，费城银行首席经济学家称，在过去 40 年，另外还有六个年份出现了三个星期五是 13 号的情况，并且在其中三个年份都发生了经济衰退。哪种情况更糟糕，是经济学家把时间浪费在这种荒唐言论上的想法，还是有人付钱让他如此浪费时间的事实？不管怎样，在 1987 年都没有出现经济衰退。

可能大家都在比赛，看谁的建议更傻。罗斯柴尔德投资银行在破产前称，在过去的六次中国农历龙年期间，美国股市四次上涨，两次下跌。

我最喜欢举的一个例子是波士顿下雪指标——根据波士顿在平安夜是否下雪来预测下一年的股市。德崇证券的一名分析师曾表示："平安夜若下雪，则下一年的平均收益比不下雪的年份大概高 80%。"

超级碗股市预测指出，如果美国国家橄榄球联合会（NFC）的球队，或者曾加入美国职业橄榄球大联盟（NFL）而现在属于美国橄榄球联合会（AFC）的球队在超级碗中夺冠，股市便会上涨；反之股市则会下跌。绿湾包装工队赢了对股市有好处；而纽约喷气机队赢了则对股市不好。发明"超级碗指标"的人旨在用一种幽默的方式说明，相关系数不一定包含因果关系。让他目瞪口呆的是，竟有人开始认真看待这个指标！直到 2017 年，我听说有些大基金的经理仍把它当真。正如我反复强调的，有些人认为所有模型都具有说服力。这让人无话可说。

2014 年，我教过的学生给我转发了一条交易规则，由高盛资产管理公司前主席编造而来：

有个奇怪的说法叫作"五天法则"……简单来说，该法则指当美国股市主要股指在最初五个交易日出现综合正收益时，则该年份整体上极有可能表现不错……

我在高盛的前同事何塞·乌苏亚回溯了直至 1928 年的相关数据。他发现，股市在一年中的头五个交易日上升时，全年为升势的概率是 75.4%。而在 1950 年至今的这段时期，该概率上升至 82.9%。金融领域难得有如此清晰明了的法则。

首先，这听上去就像拷问数据的结果。（为什么是五天？为什么回溯到 1928 年？）其次，最初五个交易日是全年（大约）250 个交易日的一部分，因此这是有偏倚的计算，他应该对比最初五个交易日和其他 245 个交易日。最后，认为股市上涨和下跌的概率为五五开是错误的。实际上股市通常都会上涨。1928—2013 年，股票上涨的概率为 73%，而 1950—2013 年，此概率为 78%。"五天法则"并没有过多地提高这一概率，尤其考虑到那五天都包含于该年份内。

这些投资法则都是传统守旧且毫无价值的、靠人力耗费无数时间查遍数据才得出的模型。然而，13 号遭遇星期五、龙年等胡言乱语，恰好就是用来寻找模型的数据挖掘软件取得的无用发现——唯一不同的是，计算机在发现毫无价值的模型上效率要高很多。

有时，所发现的模型看似合理，但显然就是拷问数据的无用结果。例如，美联储的货币政策会影响股价，这是合理的说法。低利率降低消费成本和企业贷款成本，对投资者来说，低利率让股票比债券更具吸引力。曾任美国白宫经济顾问委员会主席的著名经济学家贝里尔·斯普林克尔认为，货币供应量的变化会对股市产生影响，便主动寻找两者之间的关系，最后真的找到了。他选择了哪种股价指数呢？是标准普尔 425 工业指数而不是常用的标准普尔 500 指数。又选择了哪种反映货币供应量的指标呢？他选择了一个非常狭隘的指标：狭义货币（M1）。

在目测标准普尔 425 指数和 M1 的图表后，斯普林克尔总结道，虽然两者关系非常易变，但"货币供应量的变化会引起股价变化，一般出现在熊市前的 15 个月，牛市前的两个月"。注意其中非常灵活的说法"货币供应量的变化"。是出现在上周？上个月？还是去年？斯普林克尔选择了 6 个月的范围，无疑之前试过了其他可能。还要注意含义模糊的"牛市"和"熊市"。没人知道牛市和熊市何时开始，何时结束。

又一番绞尽脑汁后，他发现 1918—1960 年，以下策略可以让你获得每年平均 6% 的盈利，而简单的买入和持股的盈利为每年 5.5%：

a. 掌握前 6 个月随季度调整的 M1 的月平均增长率的最新消息。

b. 这一移动平均数出现波谷的两个月后买入股票。

c. 这一移动平均数达到波峰的 15 个月后卖出股票。

如此周折，也就才提高了 0.5%？如今，计算机数据挖掘算法肯定会做得更好。

斯普林克尔错综复杂的模型听起来就像数据拷问。为什么始于 1918 年？为什么选择标准普尔 425 指数？为什么选择 M1？为什么是 6 个月的月平均增长率？为什么是分别间隔两个月和 15 个月？后期的研究发现，货币供应量对预测股价变化毫无作用，希望对此你并不惊讶。

斯普林克尔在发现这个无用法则的过程中，无疑必须费尽心思做些必要的计算，画出一些图表，摆弄资料明细，直至发现与数据非常吻合的结果。不幸的是，现今的计算机可以以极快的速度找到这种毫无价值的法则。

技术分析

预测股市何难之有？任何明眼人都能在股价中看出不同的模型——预示股价是升是降的模型。

30 年前，我的一个学生杰夫来电告诉我一个激动人心的消息——我在课上说的"企图识别出股价的盈利模型是痴人说梦"这番话没道理。杰夫在 IBM 任职，他利用闲暇时间研究股价，还找到了一些明显的模型。他还在不断调整自己的系统，很快就能靠此致富。他说到时候要租架直升机飞过来，停在我教室外面的草坪上，然后以胜利的姿态大步迈进我的投资学课堂，把实情告诉班上的学生。

我每年都跟学生重述这个故事，讲完后走到教室窗边往外瞧，看看杰夫的直升机有没有停在草坪上。直到今天我还在等他。

技术分析师尝试通过研究股价、交易量和各种投资者情绪来预估投资者的行为。技术人员并不关心单个公司或整个市场的股息或盈利情况。如果他们研究单个公司，是不需要知道该公司名称的，因为这可能会让他们在浏览图表时不够客观。数据挖掘算法的工作正是如此：在数字中寻找模型，但不会考虑这些数字代表什么。

约翰·马吉与他人合作撰写的书被誉为"技术分析圣经"，他把自己办公室的窗户都封起来，这样他对股市的希望和恐惧就不会受看到小鸟歌唱或天空飘雪的影响。他待在自己的黑匣子里。

技术人员最重要的工具是股价图，最常用的是垂线图，一般用来表示每日股价。每条垂线都从最高价延伸至最低价，水平斜线则显示开盘价和收盘价。技术人员会添加线条（如图 10.1 所示的通道）表示走势或其他可利用的模型。（简单起见，我省略了垂线，只显示收盘价。）

技术分析的核心是从以往的股价中识别出可用来预测未来股价的模型。为使模型看似合理，还为各种模型贴上了标签，如通道（channel）、支撑线（support level）、阻力线（resistance level）、双顶（double top）、双底（double bottom）、头肩顶模型（head and shoulders）和杯柄形态（cup and handle）。尽管有这些诱人的标签，但一项又一项研究发现技术分析是徒劳无益的，除了能提供很多技术分析师的工作岗位和为股票经纪人获取佣金。

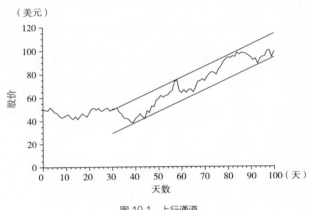

（美元）

图 10.1　上行通道

一名学术型经济学家曾发送几张股价图，包括图 10.1、图 10.2、图 10.3（没有图中的横线），给一名技术分析师（且称其为埃德），请他帮忙判断哪些股票是好的投资。该经济学家没有说明是哪些公司的股票，埃德也没问。

埃德在图 10.1 中画了两条平行线，模型清晰可见。约从第 30 天开始，该股票在狭窄的上行通道中交易。到第 100 天，股价接近该通道的下轨，并呈现明显的上冲姿态。

如图 10.2 所示的股价图中带有支撑线，它在第 24 天成形，之后经两次确认。每当股价跌至 28 美元时都会获得支撑出现回升。更具威力的是，该图还呈现出头肩顶模型，即股价先是脱离 28 美元的支撑线上涨，接着跌回 28 美元，然后涨幅更大，随之又跌回 28 美元，小幅上涨后，第三次下降至 28 美元。

埃德和很多技术分析师一样，认为头肩顶模型形成并确认的支撑线极其稳固，当股价在第 99 天突破 28 美元的支撑线时，就是发出了不容置疑的信号，表明一定是出现了非常严重的问题，只有雪崩式的坏消息才能突破如此强劲的支撑线。28 美元的屏障一旦被突破，股价一定下跌。

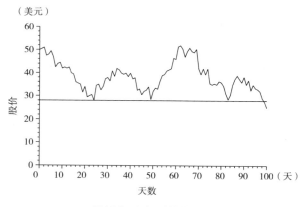

图 10.2　头肩顶支撑线被突破

图 10.3 则显示了相反的模型。在 65 美元处形成了阻力线并得到确认。每当股价接近 65 美元就会出现回落。这种情况出现得越频繁，阻碍股价突破 65 美元的心理阻力就越大。更有威力的是，该图呈现出头肩底模型，因为第二次从 65 美元回落的幅度比第一次和第三次都大。第 98 天，当股价暴涨突破阻力线时，打消了阻止股价进一步上涨的心理障碍，这是不容置疑的买入信号。

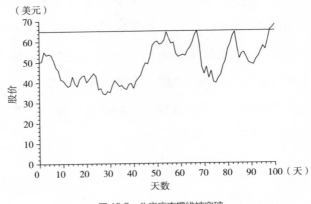

图 10.3 头肩底支撑线被突破

在这三张图中发现上述模型的埃德被喜悦冲昏了头脑，忽略了这三张股价图的离奇巧合，即股价都均始于 50 美元。但这并非巧合。

这些都不是真正的股票。那个恶作剧的经济学教授（没错，就是我）在一次投资学课堂上让学生以抛硬币的方式捏造了这些虚假数据。每张图的"股价"初始值都定为 50 美元。然后，每天的股价变化都通过抛 25 次硬币来决定，正面则股价涨 50 美分，反面则跌 50 美分。例如，若出现 14 次正面和 11 次反面，则当天股价上涨 1.5 美元。创建了几十张股价图后，我给了埃德其中 10 张，对他会从中发现很诱人的模型满怀期待。果不其然，他真的发现了。数据挖掘软件也会有同样的发现。

真相大白后，埃德失望透顶，这些要是真的股票就有机会通过买卖赚大钱了。然而，他从中吸取的教训却与我想要的截然不同：埃德总结说，运用技术分析来预测抛硬币的结果是有可能的！

即使是经验丰富的专业投资者也难以理解，随机噪声能生成模型，但那不过纯粹是碰巧而已。眼前出现某个模型时，相信它有意义很容易，但要认为这不过是偶然就很难了。

抛硬币

为了说明这个原理，我有时还会在投资学课堂上用抛硬币来做另一个实验。我告诉大家我要抛若干次硬币，看看是不是有人能预测到结果。在开始抛之前，我对着教室大臂一挥，把台下学生分成左右两边。左边学生猜正面，右边学生猜反面。假设有32 名学生，则其中 16 人肯定能猜对。如果第一次抛硬币的结果为反面，那么就是右边学生猜对了。于是，我又将右边这 16 名学生分成前后两组，两组各有 8 人。第二次抛硬币，前 8 个人猜正面，后 8 个人猜反面。如果这次结果为反面，则后 8 个人就连续猜对了两次。然后我再把后 8 个人分成两组，抛第三次硬币。将猜对的 4 名学生再度分组，第四次抛完硬币后只剩下 2 名连续猜中四次的学生。最后一次抛完硬币，我们的赢家诞生了——连续五次猜中的学生。这时我问在场的学生，谁敢打赌这名同学能再连续五次成功预测出结果。无人响应。

这就是数据挖掘。32 个抛硬币结果的预测者，正如 32 个预测股价的系统。我根据事实发现了最成功的抛硬币结果预测者，正如发现了最成功的股价预测系统。无论是哪种情况，根据既成事实来识别成功的预测者什么都证明不了，因为始终都会有最成功的预测者，即使只是靠运气而已。

进一步说明一下，猜中次数最多的学生毫无特别之处，正如运气好的股市预测系统。如果重新抛五次硬币进行检验，那么那个成功预测了抛硬币结果的学生将表现得毫无技巧可言。同样，用全新数据来检验的话，成功的股票预测系统也会变得毫无作用。

然而，如果测试抛硬币和无用的股市预测系统次数足够多，肯定有人能成功通过两轮测试。如果我班上的学生再多一点，确切地说有 1 024 人，我就能发现有 32 名学生可以连续五次正确预测结果。如果这 32 名学生再多猜 5 次，其中一人又会继续猜中 5 次，也就是共计猜中 10 次。尽管通过接连两次测试，这名获胜的学生在预测抛硬币方面还是没有什么特异功能。对 1 024 名进行预测的学生进行数据挖掘得到 10 次成功的结果，并不比数据挖掘 32 名学生得到 5 次成功的结果更加令人信服。

股票市场系统也是如此。数据挖掘软件可以搜查出数百万、数十亿，甚至数万亿潜在的股票预测系统，并从中识别出非常成功的系统。如果将这些系统重新测试一遍，一部分还是会很成功，即使它们和那名获胜的学生没什么两样，都是靠运气而已。不论无价值的股市预测系统反复测试多少次，如果测试的次数足够多，总有一部分会通过。

讨论几个专业人士使用和推荐的交易法则将具有很大的启发作用，我们可以从中意识到被系统愚弄是多么容易，这些系统能清楚地解释过去，但对未来的预测却一塌糊涂。

《每周华尔街》的十项技术指标

30 多年来，《每周华尔街》（*Wall Street Week*）一直是美国公共广播电视公司（PBS）很受欢迎的电视节目之一。该节目主持人为路易斯·鲁凯泽，播放时间为纽约证券交易所收盘后的每星期五晚上。节目一开始，鲁凯泽先简要叙述当周华尔街的交易情况，以老掉牙的笑话和引发嘘声的双关语点燃全场。有观众写信来咨询能否投资一个男用假发生产厂家，鲁凯泽回答说："如果你的钱像头发一样，明天就会消失，我们会尽力让它增长。我们提供给你光秃秃的事实，让你把自己的投资打理得像假发一样茂盛。"

多年来，该节目都设有专题环节对 10 个技术指标进行最新解读，这 10 个指标是股票经纪人兼投资顾问罗伯特·努洛克开发的，他也是该节目的常驻专家。我订阅了好几年他的新闻简讯，想看看随着时间推移，在他的那些提出又消失的模型中，这些指标是如何发展的。

他所选的 10 个指标首次出现在 1972 年，之后的 17 年共修订了至少五次。努洛克对这些指标的解读一般都是逆势而为：股市强劲时，他建议卖出；股市疲软时，他又建议买入。这通常是很好的建议，但认为存在可靠的预测指标表明股价"何时"上涨或下跌，却是不明智的想法。

努洛克的指标很有意思，因为它是技术派人士观察的大量指标的代表，此外，这些指标的发展演变也很有启发性。接下来我会讨论其中三个。

市场广度

很多分析师都使用涨跌指数（advance-decline index）来监测上涨股票数量和下跌股票数量的比率。与道琼斯工业指数、标准普尔 500 指数和其他股市指数不同，这种对比方法不关注股票价格或涨跌幅度——出现 25 美分的变动和出现 5 美元的变动的效果是一样的。这就是该方法被称为"市场广度"（market breadth）的原因。

《每周华尔街》最先使用了涨跌指数，该指数是每天上涨股票数量与 50% 持平股票数量之和与全部股票交易数量之比的五周平均值。如果该指数的值为 0.5，则表示股市为混合状态，上涨股票的数量与下跌股票的数量相等。努洛克一如既往地反其道而行之，认为这一指数的数值高（大多数股票在上涨）是卖出信号，数值低（大多数股票在下跌）是买入信号。

努洛克的具体临界值取决于市场是牛还是熊，如表 10.1 所示。牛市和熊市的区别让人没有把握，因为我们没有客观的方

法判断在何时、在哪个点位是牛市或是熊市。几年后，他将
30%~40% 的熊市买入信号修订为 36%~40%，后来，该指数被剔
除了。

表 10.1　1972 年努洛克的涨跌幅指数

	买入信号	中立信号	卖出信号
牛市	43%~45%	45%~57%	57%~60%
熊市	38%~40%	40%~50%	50%~54%

对技术指标的解读总是模棱两可的，这也生动地体现在路易
斯·鲁凯泽对努洛克的涨跌指数的解读跟努洛克自己的解读完全
相反。以下为鲁凯泽的描述（含有他的招牌式双关语）：

实际上，每名技术人员都使用这种方法的一些变体，该方法
合计上涨股票和下跌股票的总数，得出的结果用来反映股市的
"广度"——"广度"不佳会发出不好的信号。如果平均数上升
但广度下降，技术人员会认为股市已经开始变差。

有些技术人员会得出这样的结论，但与鲁凯泽相反，努洛克
没有这么做。大多数股票下跌时，努洛克给出的是买入信号。

努洛克 10 个指标的第一次修订，加入了第二个涨跌指数：上
涨股票和下跌股票数目差额的十日平均数。数值小于 −1 000（表
示大多数股票下跌）为牛市，大于 +1 000（表明大多数股票上涨）

则为熊市。这一指标在第二版修订中仍得以保留，但是对其的解读变得更加复杂。牛市信号变为"该指数从低于 +1 000 点升至峰值，再从峰值下跌 1 000 点"。

对于其他技术指标，努洛克显然是生搬硬造出与过去数据吻合的模型的。当由数据挖掘得来的模型对新的数据不起作用时，他就改变模型。当由数据挖掘得来的模型无效时，他就再造一个新模型。捏造模型——进行测试——改变模型，如此循环。

低价活动比率

《每周华尔街》另一个有趣的指标为低价活动比率，类似很多技术人员追踪的那些指标。该指标是《巴伦周刊》上低价股票指数交易量的周比率与道琼斯工业指数的交易量之比。其思路是，低价股票比道琼斯工业平均指数的蓝筹股更具有投机性，因此这类股票的交易量相对上涨能表明投机活动更加活跃。

该指标的比值低是买入信号，比值高是卖出信号。《每周华尔街》最初使用的数值如表 10.2—表 10.5 所示。

表 10.2　低价活动比率的原始版本

买入信号	中立信号	卖出信号
5%~8%	8%~10%	10%~15%

表 10.3　低价活动比率的第一次修订版

买入信号	中立信号	卖出信号
5%~7%	7%~12%	大于 12%

表 10.4　低价活动比率的第二次修订版

买入信号	中立信号	卖出信号
小于 12%	12%~18%	大于 18%

表 10.5　低价活动比率的第三次修订版

买入信号	中立信号	卖出信号
小于 4%	4%~8%	大于 8%

捏造模型—进行测试—改变模型，如此循环。

咨询服务情绪

《每周华尔街》在第一次修订版中引入了另一个有意思的技术指标：咨询服务情绪（advisory service sentiment）。各种各样的投资服务都在向投资者推销自己的建议。基本上，这些自诩专家的人都看涨股市，尽管看涨部分因市场而异。咨询服务机构 Investor's Intelligence 订阅了其他主流服务商的服务，同时还为自己的订阅者提供熊市部分的每周列表。有趣的是，该机构（和努洛克）认为，咨询服务机构越是悲观，股市就越有可能上涨。

努洛克解释称："咨询服务情绪过度一边倒时就被看作相反的指数，因为服务机构容易随大溜，而不是预测趋势变化。"另一种解释是，投资顾问都是错多对少的业余人士。如果他们真那么聪明，为什么自己不利用这些建议，而是将其推销出去？努洛克的情绪指数最初显示，如果看跌比率低于 15% 则卖出，如果牛市的看跌比率高于 30% 或熊市的看跌比率高于 60% 则买入。

不过，这些数值后来完全改了，如果看跌比率低于 25% 则卖出，高于 42% 则买入。再后来，临界值又变得非常精确：35.7% 和 52.4%，但也具有很大的误导性。这就是数据挖掘的实质。捏造模型—进行测试—改变模型，如此循环。

推特，推特

2011 年，一个研究小组报告称，针对近 1 000 万发布于 2008 年 2 月至 12 月的推特进行数据挖掘分析后发现，"calm"（平静）一词的使用频次上升预示道琼斯工业平均指数随后连续六天上涨。这可不是我瞎编的。这类研究容易引起争议，获得全世界竞相报道，即使所用数据完全不可靠，得出的结论根本不合理。

发推特的用户并不是随机人口样本，更算不上投资者。很多人都没有推特账号；有些人有账号，但不怎么登录使用；有些人有账号，也会登录使用，但很少发布内容（推特估计，约一半登录用户都是光看不发，称不上推客）。有些发推特的并不是真正的人，而是自动机器人。

甚至连该报告的第一作者也承认，他对所观察到的模式不做任何解释，尤其是因为很多推特的发布者都是青少年和非美国本土人士。分享自己早餐吃了什么的小姑娘，或者一个对拜仁慕尼黑进球进行评论的德国人，又怎么会影响道琼斯工业平均指数呢？肯定不会，但它们之间可能存在统计学相关系数。

我们从这些"得州神枪手"研究人员观察的 7 种指标看起：积极和消极情绪的对比评估以及 6 种情绪状态（平静、警惕、稳妥、活力、好心和快乐）。他们还考虑了未来不同天数与道琼斯工业指数的相关系数。此外，该研究建议在选取这 7 种指标的术语表达时可进行一些灵活处理。最后，为什么他们要选择 2008 年 2 月到 12 月这段时间？ 1 月呢？为什么 2011 年做的研究要采用 2008 年的数据？所发现的模型只存在于这段特定的时期吗？

我还想问该研究报告的作者一个问题：他们基于自己的报告结果进行股票交易了吗？

技术大师

华尔街有个说法：问题不在于股价图，只在于制图人。这证实了要找到有用的信号是多么困难。尽管如此，技术分析师还是可以在各大经纪公司谋得职位，很多人还提供着自己的咨询服务。每隔一段时间就有媒体详细报道某名技术分析师做出了惊人的精准预测，将其抬举到金融大师的地位，于是狂热的追随者竞相向其寻求建议。

艾略特波浪理论（Elliot wave theory）便是这样一个例子。13 世纪的意大利人莱昂纳多·斐波那契研究了序列 1、1、2、3、

5、8、13、21、34、55、89……现在被称为斐波那契数列。这个数列从第 3 项开始，每一项都等于前两项之和。树枝生长的数量遵循斐波那契数列，雄蜂的家谱和贝壳螺旋生长的直径也是如此，音乐节奏也符合斐波那契数列，埃及人还运用这一数列设计了吉萨大金字塔。

拉尔夫·纳尔逊·艾略特将斐波那契数列应用于股价预测，创造了艾略特波浪理论。艾略特是一名会计，对数字很痴迷。对股价涨跌做了一番研究后，他得出的结论是，这些涨跌是数次交叠波浪作用的复杂结果：

持续数百年的大波浪

持续数十年的超级循环

持续数年的规律循环

持续数月的初期波浪

持续数周或数月的中期波浪

持续数周的小波浪

持续数天的细波浪

持续数小时的微波浪

持续数分钟的次微波浪

艾略特骄傲地宣称："因为人类都遵从有节奏的活动，与其活动相关的计算也会延伸至遥远的未来，虽然这种做法的正当性和确定性在此之前是想象不到的。"要拿到市场技术分析师协会（Market Technicians Association）认可的特许市场技术分析师（Chartered Market Technician）资格，就必须通过包含艾略特波浪理论等相关问题的考试。

没错，该波浪理论非常复杂，但这就是其吸引力所在。那些醉心于数学计算的人，都被这个理论的优美复杂所吸引。它复杂到可以灵活适应任何数据集，即便是随机的抛硬币。这个数据挖掘系统简直完美无缺，现在加上计算机的辅助，就更容易操作了。

在事情发生之前，波浪理论经常会出现不一致或错误的情况。而在事情发生以后，波浪理论的狂热者总能得出一种波浪形解释，虽然不同的狂热者通常有不同的解释。

20 世纪 80 年代，罗伯特·普莱切特成为最著名的艾略特波浪理论门徒。1986 年 3 月，《今日美国》报刊称普莱切特为"华尔街最炙手可热的大师"，因为他在 1985 年 9 月预测的牛市成真了。同一篇文章中还提醒阅读他的预测信息的读者，道琼斯工业指数会在 1988 年升至 3 600~3 700 点。然而 1988 年指数的最高值是 2 184 点。1987 年 10 月，普莱切特放言："最糟糕的情况是跌至 2 295 点。"但仅仅几天后，道琼斯工业指数就暴跌至 1 739 点。1993 年，《华尔街日报》发表了头版文章，题为"罗伯特·普莱切特的道琼斯 3 600 点成真——只是晚了 6 年而已"（Robert Prechter sees his 3 600 on the Dow—But 6 years late）。正如他所预测的，道琼斯工业指数升到了 3 600 点，但迟到了 6 年时间。普莱切特应该早点听到一位著名投资者给我的建议，关于预测股价是多么困难："如果给出数字，那就不要说明日期。"

"四傻"策略

1996 年，美国投资家戴维·加纳德和汤姆·加纳德两兄弟发行了《傻瓜投资指南：傻瓜如何打败华尔街的智者，你又能怎么做》(*The Motley Fool Investment Guide: How the Fools Beat Wall Street's Wise Men and How You Can Too*) 一书，闯出了一片小天地。他们通过研究 1973—1993 年的数据，创造出自己所谓的"四傻"(The Foolish Four) 策略。如果早知道这个策略，他们每年的平均回报率将达 25%。

这两兄弟还提醒读者，这个系统"会保证支持者在未来也收获 25% 的年回报率，正如它过去表现的那样"。

以下就是他们的"四傻"策略：

1. 在当年年初，计算道琼斯工业平均指数中 30 只股票的股息收益率。例如，2016 年 12 月 31 日，可口可乐股价为每股 41.46 美元，每股的年股息为 1.48 美元。可口可乐的股息收益率为 1.12 美元 /41.46 美元 =0.0357，即 3.57%。

2. 选择 10 只股息收益率最高的股票。

3. 从这 10 只股票中，选出 5 只每股股价最低的股票。

4. 从这 5 只股票中，剔除价格最低者。

5. 将 40% 的财富投入价格第二低的股票。

6. 将 20% 的财富分别投入其他 3 只股票。

我希望当你看到这里的时候脑子里会响起一个声音，大喊："数据挖掘！"

"四傻"策略错综复杂，而且一点都不合理。实际上，我们知道它就是广泛挖掘数据的产物。

有两名金融学教授也持相同看法，因此他们用 1949—1972 年的数据测试了"四傻"策略，正是加纳德兄弟进行数据挖掘的年份之前的时期。回顾历史，两名教授发现这确实是个失败的策略；预测未来，加纳德兄弟也发现这确实是个失败的策略。1997 年，就在他们推出"四傻"策略的第二年，加纳德兄弟稍稍改进了他们的系统，将其重新命名为 UV4。为什么要换名？因为历史证明 UV4 真的比"四傻"好一点。捏造模型—进行测试—改变模型，如此循环。

2000 年，加纳德兄弟停止兜售"四傻"策略和 UV4。这不足为奇，如果你的第一反应也是——数据挖掘！

为乐趣和盈利投资的黑匣子

技术分析的价值似乎不言而喻，任何明眼人都能在股价中看出清晰的模型。然而，搜遍数据寻找模型只能证明研究人员具有坚韧不拔的毅力。请记住，"如果你拷问数据的时间足够长，它就一定会坦白"。

我们从中可以吸取两个教训。第一，我们应该认清如下诱惑：寻找模型并认为我们找到的模型一定具有意义——尽管所有证据都是反证。第二，我们应该奋力抵抗易受影响的天性。

以前的技术分析都是靠人仔细审查股价图，然后寻找模型。现在，编程好的计算机可以找出复杂细致到目测难以检查出的模型，两者可能同样毫无作用。这也就是为什么要记住这两个教训。人们很容易认为模型一定有意义，抵抗住这种想法的诱惑实属明智之举。

第 11 章

完胜股市（下）

如今，技术分析师都被称为金融工程师。我们不仅过度欣赏计算机的能力，也过于钦佩使用计算机而不使用笔和图表的金融工程师。

金融工程师不思考他们发现的模型是否合理。他们的准则是："给我看数据就行。"其实，虽然很多金融工程师是物理学或数学博士，但其对经济学和金融学的了解过于肤浅。不过，这并没有对他们造成困扰，要说有什么影响的话，那就是无知的他们更有勇气从最不可能的地方寻找模型。

从使用铅笔的技术分析师转到使用计算机的金融工程师，对此符合逻辑的结论是要将人类彻底排除在外，数据分析的工作交给计算机做就行了。

2011 年，精彩的科技杂志《连线》发表了一篇文章，全文充斥着对计算机化股票交易系统的敬畏和钦佩之情。这些黑匣子式系统被称为"算法交易者"（algorithmic traders）——由计算机根据算法来决定股票买卖，而不是人的判断。人类编写算法指导计算机，但在这之后，全靠计算机自己运行了。

有些人被唬住了。2016 年，佩珀代因大学将其投资组合的10% 投给了金融工程师基金，其投资总监表示："寻找具有良好前景的公司合情合理，因为我们在日常生活中都会寻找被低估的事物，但是金融工程师策略与我们的生活毫不相干。"他认为，没有从生活中获得的智慧和常识，是支持使用计算机的论据所在。和他观点一致的大有人在。如今，美国股票交易的近 1/3 是依靠黑匣子式的投资算法完成的。

这些系统有的追踪股价走势，有的观察经济数据和非经济数据、剖析新闻线索。它们全都在寻找模型。一个动量算法或许会注意到，当某只股票的交易价格连续五天较高时，其第六天的股价通常也会更高；一个均值回归算法或许会注意到，当某只股票的交易价格连续八天较高时，则其第九天的交易价格通常会下降；一个配对交易算法或许会注意到，两只股票通常会同涨同跌，当其中一只上涨而另一只没上涨时就是在提示机会来了。其他算法还使用了多元回归模型。在每一种情况下，算法都是基于数据挖掘运行的，其格言是：如果它行得通，那就好好利用。

我自己会投资，也在教授投资学，因此我决定自己尝试一下数据挖掘，看看能否找出预测股价的可靠指标。运气好的话，我的数据挖掘或许能收获"知识发现"，我可以靠此赚上一笔。

股市与天气

据报道，纽约市的天气会影响美国股市，虽然其影响随着时间的推移已经减弱，因为全美乃至全世界的股票交易已经从大厅交易演变为电子下单。

海蒂·阿蒂格搜集了 25 座城市每日的最高气温和最低气温数据，这鼓动我想看看能否找到某些气温，用来解释标准普尔 500 指数每日股价的波动情况。

我最初以为每日气温在预测股价上有局限性，因为气温随季节变化而股价不是。此外，股价具有明显的上涨趋势但气温没有（至少短短几年内不会）。尽管如此，没费多少工夫，我还是用数据挖掘找到了五个气温，很好地预测了 2015 年的股价。

那 25 座城市的最高气温和最低气温为我提供了 50 个可能的解释变量，以它们为基础，我可以获得：50 个含有一个解释变量的模型；1 225 个含有两个解释变量的模型；19 600 个含有三个解释变量的模型；230 300 个含有四个解释变量的模型；2 118 760 个含有五个解释变量的模型。试图做一名非常投入的数据挖掘者，我将所有解释变量都推算出来了，总共是 2 369 935 个模型。

得到的很多模型都不错，但最好的如下：

$$Y=2361.65-3.00C+2.08M-1.85A+1.98L-3.06R$$

其中：

C = 澳大利亚科廷市，最高气温

M = 华盛顿州奥玛克市，最低气温

$A =$ 蒙大拿州羚羊谷，最高气温

$L =$ 蒙大拿州林肯市，最低气温

$R =$ 怀俄明州石泉镇，最低气温

巧合的是，在第 4 章讨论过的科廷市和奥玛克市再次出现，不过这次最高气温和最低气温互换了。

如图 11.1 所示，尽管 2015 年下半年股市下跌，含有 5 个温度的模型与股价波动的吻合度很高。该模型的准确率为 60%，对于预测变幻莫测的对象（如股价）来说，已经算是相当可以了。

这对"知识发现"来说又算是怎么一回事呢？有谁知道这 5 个小城镇的每日最高和最低气温能有助于预测股价呢？

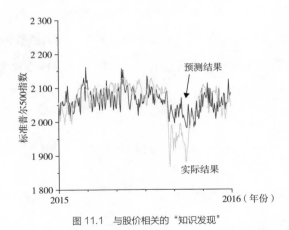

图 11.1　与股价相关的"知识发现"

答案当然是它们对预测股价没有帮助。找不到合理的理由能说明标准普尔 500 指数与这 5 个城镇的最高气温和最低气温存在正相关或负相关关系，其中还有一个城市远在澳大利亚。我们能生编硬造出不切实际的说法，解释为什么每日股价取决于这些城市的消费状况，而消费状况又如何取决于这些城市的天气，但这也不过是信口雌黄而已。

先用 2015 年的数据推算出 200 多万个方程式，再从中挑出准确率最高的那一个，这就是上述模型的选择过程。由于模型建立在数据而非逻辑之上，因此我们不要指望它能较好地预测 2016 年的股价。如图 11.2 所示，2016 年的预测准确率为 −23%。没错，结果是个负值。当该模型预测股价将上涨或下跌时，很可能出现相反的情况。

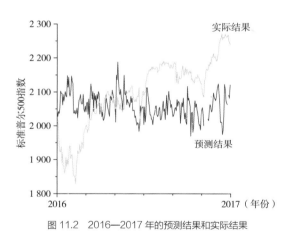

图 11.2　2016—2017 年的预测结果和实际结果

不断尝试

我对自己的气温模型感到失望，于是考虑用 100 个新的变量，尝试从 1~5 个解释变量的所有可能组合。现在，模型数量已接近 8 000 万，但是对我的数据挖掘软件来说，这个数目还是小到它能尝试每一种可能性，而无须求助主成分分析、因子分析、逐步回归法或其他有缺陷的数据规约步骤。

推算这些模型花费了数小时，所以我就止步于 5 个解释变量了。如果我继续推算，利用 10 个解释变量会得到超过 17 万亿个可能组合，那样的话，计算机就得花费好几天来跑数据。幸运的是，有几个 5 变量组合预测的股价与实际股价非常接近。最好的模型如图 11.3 所示，准确率高达 88%，拟合数值与实际数值非常接近，实际上很难将其区分开来。

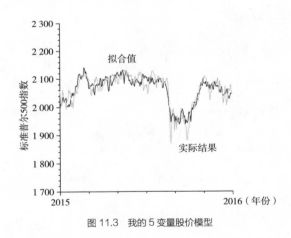

图 11.3　我的 5 变量股价模型

我可能已经揭开了股票预测的未解之谜。你做好投资的准备了吗？

我是在 2017 年 4 月利用 2015 年的每日数据进行这次数据挖掘探秘的。对于含有 5 个气温变量的模型，我特意预留了 2016

年的每日数据，目的是验证我的"知识发现"。如图 11.4 所示，该模型对 2015 年的预测结果喜人，但对 2016 年的预测结果则一塌糊涂，它预测股价会暴跌但实际是暴涨。具体来说，该模型对于 2015 年预测的准确率为 88%，而 2016 年的准确率为 −52%。这个 5 变量模型的预测结果与 2016 年标准普尔 500 指数的实际表现存在强负相关关系，我的模型比毫无价值更糟。

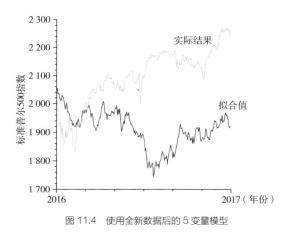

图 11.4　使用全新数据后的 5 变量模型

这是怎么回事？在某年预测效果很好的模型，怎么在下一年的预测结果会如此不尽如人意？这就是数据挖掘的本质。选择某个模型，只是因为它与所给的数据集吻合度高，这就造成这个模型与全新数据的吻合度达不到同样的水平。若要在处理全新数据时依然有效，就必须采用合理的模型。不过，数据挖掘软件无法判断一个模型是否合理。

我通过本质上是对随机数据（如澳大利亚科廷市的最高气

温）进行的数据挖掘，想说服你相信这样一个事实：它们根本不会影响标准普尔 500 指数。我们通过逻辑推理进一步得出结论，图 11.3 和图 11.4 所示的模型，不是实质上为随机的，而是完全随机的模型。标准普尔 500 指数是真实数据，但那 100 个可能的解释变量是我用计算机随机数字生成器生成的。

还记得我曾让学生用抛硬币的方式得出虚假的股价数据吗？每只股票的起价均为 50 美元，然后将 25 次抛硬币的结果作为当天股价变化的依据，抛出正面则股价上涨 50 美分，抛出反面则股价下跌 50 美分。我在课堂上做这样的抛硬币实验是想要学生亲眼看看，明显为随机产生的数据是如何产生了看似非随机的模式的。

这次的做法也一样，不过换成了使用计算机的随机数字生成器。我将每个变量的初始值设为 50，然后让电脑抛硬币来决定变量每天的变化值。若电脑抛硬币的结果为正面，则数值上升 0.50；若为反面则数值下降 0.50。我用计算机为每个变量的每日变化抛了 25 次硬币，以便得到 100 个虚构变量在这两年内的每日数值，将前半部分的随机数据标记为 2015 年，后半部分标记为 2016 年。

即使 100 个变量都是由随机游走过程产生的，在事实发生后，还是会存在有些变量的确与标准普尔 500 指数存在偶然的相关系数。在五变量的所有可能性中，随机变量 4、34、44、64 和 90 的组合与 2015 年标准普尔 500 指数的相关度最高。但到了

2016 年，该模型就完全行不通了，因为这些都是实实在在的随机变量。

黑匣子式数据挖掘无法预测这种巨大的落差，因为它不能评估自己发现的模型是否具有逻辑基础。

预留方案

现在，可能有人会说，既然从该模型对 2016 年预测结果的糟糕程度就可以看出标准普尔 500 指数和我的随机变量之间不存在任何真正的关系，那么我们就可以利用样本外测试来区别偶然的相关系数和真正的因果关系。挖掘部分数据，寻找"知识发现"，然后通过有目的的暂时预留的数据来测试所发现的模型以验证结果。原始数据有时被称作"训练数据"，预留数据被称作"检验数据"或"验证数据"。另一种叫法为样本内数据（用以发现模型的数据）和样本外数据（用以验证模型的全新数据）。在利用气温和随机变量预测标准普尔 500 指数的例子中，模型是用 2015 年的数据推算得出，用 2016 年的数据进行验证的。预留出 2016 年的数据，正是为了这一目的。

不断询问模型是否运用全新数据验证过是一个很好的想法。大肆搜集数据以发现模型，再用相同的数据来验证模型的做法绝对没有说服力，这些数据都是为了找到模型而被掠夺来的。因此，预留验证数据来检验无中生有、生编硬造来的模型肯定不失为好方法。

然而，不知疲倦的数据挖掘可以确保某些模型与训练数据和检验数据的吻合度都很高，即便该模型根本不合理。正如有的模型肯定与原始数据吻合，有的仅仅是运气好，也能与预留数据吻合。发现同时符合原始数据和预留数据的模型，只不过是另一种数据挖掘形式。我们要找的不是符合半数数据的模型，而是符合所有数据的模型。为了符合数据而挑选的模型，无论是符合半数还是所有数据，都不能指望它与其他数据的吻合度一样高。这么做解决不了问题。

为了说明这一点，接下来看看我为了解释标准普尔 500 指数的波动而创造出的 100 个随机变量。共有 100 个含有一个变量的模型：随机变量 1、随机变量 2……对于每一个变量，我都利用 2015 年的每日数据，来推算出吻合度最高的模型。以随机变量 1 为例：

$$Y = 2113.62 - 0.5489R1$$

该模型的准确率（标准普尔 500 指数的预测值和实际值之间的相关系数）为 28%。但我用此模型预测 2016 年的标准普尔 500 指数时，其准确率竟为 −89%。该模型预测标准普尔指数会上涨，但实际上该指数下跌了，反之亦然。

我把 100 个可能的解释变量统统用上，反复尝试，让模型与

2015 年的数据吻合，再用 2016 年的数据验证，结果如图 11.5 所示。对于 2015 年的数据，由于它们被用以推算模型，所以准确率不可能小于 0，因为该模型总能完全忽略解释变量，从而得到准确率为 0。结果显示，使用样本内数据且含有 1 个变量的模型的平均准确率为 27%。

对于预留下来用以验证模型的 2016 年的数据，其准确率为正值和负值的可能性相等，因为毕竟它们是与股价毫无关系的随机变量。我们预计，股价和任何随机变量之间的平均相关系数均约为 0。对上述特定数据来说，样本外数据的平均准确率碰巧为 −4%。

尽管如此，样本外数据的准确率还是会碰巧与某些模型存在强正相关系数，与其他模型存在强负相关系数。如图 11.5 右上角所示，有几个模型的 2015 年样本内数据和 2016 年样本外数据的准确率都很高。具体来说，有 11 个使用 2015 年拟合数据的模型相关系数高于 0.5，其中 5 个在使用预留数据时的相关系数高于 0.5。这五个模型都通过了样本外数据验证测试，尽管它们只是与股价完全没有关联的随机变量。

若使用更多解释变量，准确率还会上升。我又重复了一次实验，推算了 4 959 个可能的双变量模型。随机变量 57 和 59 的吻合度最高：

$$Y = 2100.46 + 3.4612R57 - 4.8283R90$$

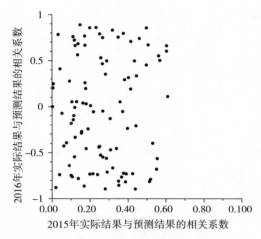

图 11.5　100 个单一变量模型的样本内和样本外数据吻合情况

这个模型的样本内数据准确率竟高达 79%，但是样本外数据准确率为 −56%。这个双变量模型与 2015 年的数据高度吻合，但是对 2016 年的预测结果却与实际值呈负相关关系。尽管有这个缺点，但更多的数据挖掘肯定会找到既符合 2015 年的训练数据，又符合 2016 年的验证数据的模型。

使用双变量的模型，2015 年回测数据的平均准确率为 40%，而 2016 年预留数据的平均准确率为 −1%。图 11.6 为 2015 年和 2016 年准确率之间的关系。

这 4 950 个模型把图表变成了巨大的斑点。有很多模型（如随机变量 57 和 90）与 2015 年数据吻合度高，但与 2016 年数据的吻合情况一塌糊涂。同时，也有很多模型与这两年的数据都非常吻合，有时，与 2016 年数据的吻合度甚至高于 2015 年。这就是偶然的本质，这些都是偶然得出的变量。

有 46 个模型的 2015 年准确率为 70%，其中 11 个模型的 2016 年准确率为 70%。这 11 个模型都通过了验证测试，但它们对预测其他年份的股价还是没有效果，如 2017 年。

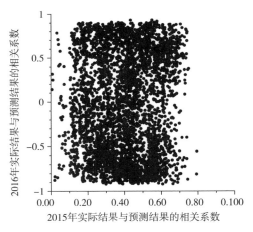

图 11.6　4 950 个双变量模型的样本内和样本外数据吻合情况

有一个使用随机变量 14 和 74 的模型，其 2015 年准确率为 70%，而对于 2016 年验证数据的准确率竟然达到 88%！如果我们对此不够了解，可能还以为自己取得了什么重大发现。然而事实是，人们总能找到同时符合样本内和样本外数据的模型，即使这些数据都不过是随机噪声。

对含有更多解释变量的模型来说，情况则有过之而无不及。若变量增加，可能的模型数量会呈现爆炸式增长，找到符合训练数据和预留数据的模型的确定性也会更大。含三个变量的可能模型有 161 700 个，含四个变量的可能模型有 3 921 225 个，含 5 个变量的可能模型有 75 287 520 个。

随着可能性越来越多，图表会密密麻麻地布满圆点（如图 11.6 所示）。但是，原则仍然成立。从中肯定能找到很多模型同时与 2015 年和 2016 年的数据吻合。

例如，最佳的五变量模型的 2015 年样本内数据准确率为 88%，2016 年样本外数据准确率为 -52%。然而，有些 5 变量的模型碰巧与 2015 年的吻合度高，有些是与 2016 年的吻合度高，还有些在这两年的吻合度都很高。我的数据挖掘软件识别了 11 201 个 5 变量模型，这些模型与 2015 年标准普尔 500 指数的实际值和预测值之间的相关系数至少为 85%，其中有 109 个模型的 2016 年准确率高于 85%，49 个模型的 2016 年准确率高于 90%。如果我再尝试更多变量，我的数据挖掘软件肯定会发现对两年的准确率都高于 90%，甚至高于 95% 的模型。

这不是"知识发现"，而是偶然发现。

如果我们搜遍股价数据就是为了找到不合理的系统以完胜股市，几乎可以肯定的是，我们会因此更穷。

真正的数据挖掘

Quantopian（众包型量化投资平台）网站为想要成为投资大神的人提供编写其交易算法的空间，再用历史数据回测，看看这些算法会带来多大回报。听起来很合理。不过，我们知道，数据挖掘总能找到在挖掘期内获利的算法。我们还知道，没有逻辑基础的算法在使用全新数据时的表现通常会让人大失所望，无论它们的回测结果有多好。

Quantopian 平台有意思的一点在于，尽管这些算法的细节没有公开，但任何人都可自主采用过去任何时间段的数据进行验证。此外，每个算法都有时间标记，显示该算法的最后版本是于何时发表在 Quantopian 平台上的。

有外部团队检验了该平台将近 1 000 个股票交易算法，这些算法均发表于 2015 年 1 月 1 日到 6 月 30 日。每个算法都利用 2010 年至发表前的数据进行回测（训练期），然后再用发表后到 2015 年 12 月 31 日的全新数据进行检验（验证期）。结果发现，训练期和验证期的收益之间存在很小但是统计学意义显著的负相关关系。大写的尴尬！

趋同交易

卖空股票是指卖出从其他投资者手中借来的股票。有时候还必须回购股票（希望是以更低的股价）还给投资者。现在，假设你能以 90 美元的价格买入一只股票，并以 100 美元的价格卖空同一只股票。如果这两个股价趋同于 110 美元，那么你的第一只股票的收益为 20 美元（90 美元买入，后以 110 美元卖出），第二只股票损失了 10 美元（100 美元卖出，后以 110 美元回购）。因此，你的净收益为 10 美元，即两个初始股价之差。

相反，如果这两个股价趋同于 80 美元，那么你的第一只股票损失了 10 美元（90 美元买入，后以 80 美元卖出），第二只股票收益为 20 美元（100 美元卖出，后以 80 美元回购）。因此，你的净收益为 10 美元。

这就是所谓的"趋同交易"，因为你赌的不是两只股票的涨跌，而是股价会趋向一个共同的价格。

荷兰皇家壳牌集团

1907 年，荷兰皇家石油公司（总部位于荷兰）和英国壳牌运输和贸易公司（总部位于英国）合并经营，联手对抗约翰·D. 洛克菲勒的标准石油公司——全球最大的炼油公司。荷兰皇家石油将专注于生产，英国壳牌则专注于销售，合并经营之后，这两家公司或许还能存活下去。

让人好奇的是，根据双方协议，荷兰皇家石油和英国壳牌均保留各自目前的股东，这两只股票也继续在各家证券交易所进行交易，不过，所有收益和支出都合并到母公司荷兰皇家壳牌集团（荷兰皇家石油占股 60%，英国壳牌占股 40%）。集团全部收入的 60% 归荷兰皇家石油，40% 归英国壳牌；集团派发的全部股息的 60% 归荷兰皇家石油的股东，40% 归英国壳牌的股东；如果集团被出售，收入的 60% 归荷兰皇家石油的股东，40% 归英国壳牌的股东。

无论英国壳牌的价值为多少，荷兰皇家石油的价值都要比它高出 50%。如果股市对两者股票的估值正确，荷兰皇家石油的股票市值应该总会比英国壳牌的高出 50%。但事实并非如此！

图 11.7 为 1957 年 3 月 13 日（两只股票首次在纽约证券交易所进行交易）到 2005 年 7 月 19 日（两家公司完全合并，股票停止单独交易），荷兰皇家石油与英国壳牌的股票市值比率。

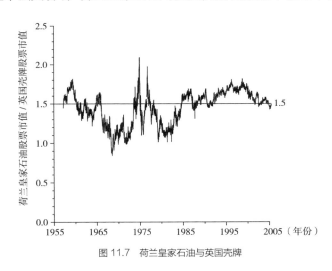

图 11.7　荷兰皇家石油与英国壳牌

荷兰皇家石油的股价几乎从未刚好比英国壳牌的高 50%，有时会高 40%，有时会低 30%。从整个时间段来看，两者的实际市值比与正确的理论市值比（1.5）之间的百分差有 46% 的时间高于 10%，有 18% 的时间高于 20%。

这种情况非常适合趋同交易。当荷兰皇家石油的交易价与英国壳牌的交易价之比高于 1.5 时，投资者可以买入英国壳牌，卖空荷兰皇家石油，赌这个溢价会消失。

1997 年，美国长期资本管理公司就这么做了，当时的溢价从 8% 涨到 10%。该公司买入英国壳牌价值 11.5 亿美元的股票，卖空荷兰皇家石油价值 11.5 亿美元的股票，坐等市场修正股价。该公司拥有全明星阵容的管理团队，包括两名荣获 1997 年诺贝尔奖的金融学教授，这是很聪明的一招，其依据是具有说服力的逻辑，而不仅是偶然发现且毫无意义的统计学模式。市值比率最终应该达到 1.5，长期资本管理公司会从这次机智的对冲交易中获利。

然而，正如凯恩斯在大萧条期间观察所得：

这套长期理论在误导当前事物。从长期来看，我们都难逃一死。经济学家为自己设置了过于容易、过于无用的任务，如果遇上狂风暴雨，他们唯一能告诉我们的只有：暴风雨过后，大海会恢复平静。

凯恩斯嘲讽的观点是：从长远来看，经济发展会趋于平静，想找工作的人总会找到工作的。他认为，短期的经济衰退风暴比假想的长期平静更加重要，或许没人能够看到那个长期的到来。股市也是如此。从长期来看可获利的趋同交易，从短期来看却会带来灾难性后果。

1998 年初，长期资本管理公司的净价值接近 50 亿美元。同年 8 月，一场始料未及的风暴来袭。俄罗斯未能偿还债务，并且察觉到整个金融市场的度量风险都在提高。长期资本管理公司在很多不同市场都下了赌注，猜测大部分的风险溢价将下降。但自俄罗斯未能偿还债务后，到处都出现了风险溢价上涨，长期资本管理公司遇到了麻烦，而且是很大的麻烦。

该公司争论道，一切都是时间的问题，等时候到了，金融市场就会恢复到正常水平——暴风雨终将过去，大海会再次平静——但是，该公司已经等不起了。它下的大赌注和借款之间的杠杆过高——若能偿清就尚好，否则会导致灾难性的后果。8 月 21 日，该公司损失了 5.5 亿美元，整个月下来共损失了 21 亿美元，将近其净价值的一半。

长期资本管理公司努力筹集更多资金，期待熬过这次风暴，但贷方已成惊弓之鸟，不愿再给该公司放贷，还想着讨回先前的借款。

凯恩斯不仅是大师级经济学家，还是传奇般的投资家。他曾告诫："市场保持非理性状态的时间，可比你保持有偿还能力的时间更长。"可能市场对俄罗斯未偿还债务的反应过度了，也可能长期资本管理公司最终会转亏为盈。但是，它保持有偿还能力的时间，不足以让它见证这一刻的到来。

该公司不得不对其持有的荷兰皇家壳牌集团股票进行平仓处理，当时，荷兰皇家石油的溢价不降反升，超过了 20%。长期资本管理公司在这笔交易中损失了 1.5 亿美元。

同年 9 月 23 日，沃伦·巴菲特给该公司传真了一封信件，提出要以 2.5 亿美元收购该公司，约为其年初净价值的 5%。这次出价是"要卖就卖，不卖拉倒"型，截止时间为当天中午 12 点 30 分，也就是传真后的一个小时。该公司最后没有接受出价，开始为自己准备"后事"。

纽约联邦储备银行担心长期资本管理公司未偿还债务会引起多米诺效应，触发全球金融危机。于是，纽约联邦储备银行携手长期资本管理公司的债权人接管该公司并清算其资产。债权人收回了贷款，公司创始合伙人损失了 10.9 亿美元，其他投资者则花大价钱上了一课，了解到了杠杆的力量。

注意看图 11.7，2005 年，溢价最终的确消失了，当时荷兰皇家石油与英国壳牌合并，荷兰皇家石油的股东拿到了合并公司 60% 的股份，英国壳牌的股东则拿到了其余的 40%。荷兰皇家壳牌集团这次的交易确实是明智之举，合情合理且最后也成功获利。不幸的是，长期资本管理公司的那些交易就欠缺考虑，最后迫使自己不得不过早清算了荷兰皇家壳牌集团的股票。

股市价格有时稀奇古怪，荷兰皇家壳牌集团的错误定价就是非常有说服力的例证。无论英国壳牌股票的"正确"价值是多少，荷兰皇家石油总会多出 50%，然而股市价格时高时低，为有利可图的趋同交易创造了机会。然而，这个例子还说明，即使是由行业顶级人士正确无误地完成的趋同交易，也是有风险的，因为趋同所需时间可能比预期更长。而没有逻辑基础的趋同交易就更加危机四伏了。

黄金白银比率

20 世纪 80 年代，大名鼎鼎的投资顾问公司 Hume & Associates（休姆联合公司）制作出《超级投资者档案》（*The Superinvestor Files*），向全美宣传，普通投资者靠它就能获得非常可观的利润。订阅用户每月会收到一份印刷精良的 50 页册子，每本 25 美元，外加合计 2.5 美元的邮费和处理费。

回想起来，本应显而易见的是，如果这些策略像广告宣传的那样有赚头，该公司利用这些策略可以比推销册子挣更多的钱。然而，容易受骗、贪婪的投资者忽视了这一点，反而希望花上 25 美元和合计 2.5 美元的邮费和处理费，就买到成为百万富翁的秘诀。

其中一个超级投资者策略是基于黄金白银比率（gold/silver ratio，GSR），即每盎司黄金和白银的价格比率。1985 年，黄金的均价为 317.26 美元，白银的均价为 5.88 美元，则 GSR 为 317.26 美元/5.88 美元 = 54，也就是说，每盎司黄金的价格是白银的 54 倍。

1986 年，休姆写道：

GSR 在过去七八年内的波动幅度较大，1980 年低至 19:1，1982 年高达 52:1，到了 1985 年又升至 55:1。但是，你也能清晰地看到，它总是（注意，总是）会回到 34:1~38:1 的范围。

图 11.8 证明了 1970—1985 年的 GSR 在 34~38 的范围内波动。

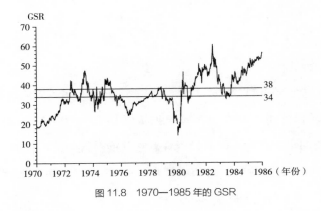

图 11.8　1970—1985 年的 GSR

GSR 策略是在 GSR 处于异常高的状态时，卖金买银；处于异常低的状态时，则买金卖银。采用期货合约使这些交易产生了巨大杠杆，有可能获得暴利。这是一次趋同交易，因为投资者赌的不是金银价格的涨跌，而是两者比率会趋同于其历史比率。

一盎司黄金的价格应是白银的 36 倍，其中原因毫无规律可循。黄金和白银不像鸡蛋，可以买一打或半打，如果价格有偏差，消费者会买更便宜的鸡蛋；也不像玉米、大豆，如果玉米相对大豆的价格上涨，农民就种更多的玉米。

最终显示，1983 年 GSR 上涨到 38 后，直至 2011 年，也就是 28 年后，才回落。如图 11.9 所示，GSR 保持在 34~38 的范围内只是短暂出现的巧合，不是这个超级策略的基础。期货合约可能成倍扩大损失和收益，而在 1985 年下注 GSR 则会产生灾难性的后果。

图 11.9　1970—2017 年的 GSR

其他趋同交易

早期趋同交易只依据简单的模式进行，如 GSR，在价格图上一目了然。现代计算机能搜遍大量数据库，寻找更不易察觉和复杂的趋同交易。如果两个价格之间的相关系数为 0.9，价格开始往不同方向移动，交易算法可能就会判断这一历史关系会重现。

即使计算机发现了模型，GSR 交易中也存在同样的问题，即无理论支撑的数据存在隐患。趋同交易需要合理，因为如果找不到所发现模型的根本原因，该模型出现的偏离也就没有理由自我修正。统计学相关系数可能是偶然出现的模型，转瞬即逝。

荷兰皇家壳牌集团的趋同交易就有很合理的基础，但是长期资本投资公司破产的原因是，将大量赌资压在了根本原因不具有说服力的相关系数上。例如，法国和德国各种利率之间的关系与风险溢价。一名经理后来痛惜道："我们公司的学术大师在加盟时毫无交易经验，就这样开始建模。鉴于自己做出的假设，他们的交易看似不错，但常常连简单的可信度检验都无法通过。"

讽刺的是，观察荷兰皇家石油和英国壳牌在任何一两年内的每日股价，黑匣子式的交易算法都不会识别出它们股价的比率应该是 1.5。它会漏掉其中一次合理的趋同交易。

图 11.10 所示的是一个更近时期的趋同交易机会。在 2015 年和 2016 年大部分时间，这两只股票的股价比率波动范围的平均值为 0.76。虽然价格比率相对于 0.76 时高时低，但总是会回到明显的均衡值。

2016 年 8 月 25 日，该价格比率突破 1，表明这是卖出一股买入另一股的好时机。可惜的是，如图 11.11 所示，该比率并没有回到自然均衡值 0.76，而是继续上升，翻了一倍多。2016 年 11 月 3 日，其峰值高达 2.14，而后才稍有回落。

或许，该比率终有一天会回到 0.76，也可能不会。

我如何得知？因为这些是我用随机数字生成器捏造出的数据。我再一次老调重弹，使用了计算机随机数字生成器。将起始股价设为 50 美元，然后用电脑抛 25 次硬币，正反面分别加减 50 美分，得到 10 只虚构股票两年内的每日股价数据。

随后，我又观察了配对股价的比率，也没花太长时间。图 11.10 和图 11.11 的数据，就是随机股价 2 和随机股价 1 的比率。

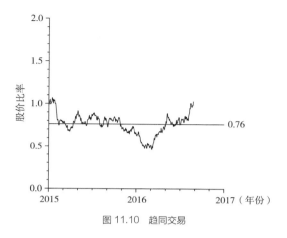

图 11.10　趋同交易

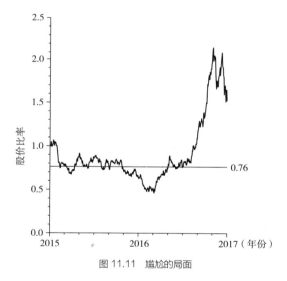

图 11.11　尴尬的局面

　　比率初始值为 1，是因为每个虚假股价的起价均为 50 美元。抛硬币碰巧得出的比率围绕 0.76 来回移动了一年半。之后，比率突然暴涨，接着有所回落。该比率下一步会如何变动？我不知道，这完全取决于计算机的随机数字生成器。

随机股价 1 和随机股价 2 完全独立。它们的共同点仅在于起价均为 50 美元。在这之后，股价 1 每日的变化都由电脑的 25 次抛硬币决定，股价 2 也是如此。每个价格都跟随随机游走程序，涨跌可能性一样大，完全独立于其他价格路径。但是，它们的价格比率似乎都停留在 0.76 附近，不会长时间偏离，很快又会再次恢复。后来，随机游走程序突然将比率带得远离 0.76，可能再也不会恢复。

要注意的是，即使数据完全是随机生成的，还是会出现适合进行趋同交易的情况。但这并不代表每次潜在的趋同交易都是随机噪声。要提醒大家的是，我们无法像黑匣子式的数据挖掘软件那样，仅靠观察数据，就能分辨出趋同模型反映的情况是真实的还是偶然的。计算机对于判断趋同模式是否具有逻辑基础完全无能为力。只有人类才能判断关系的形成理由是否具有说服力。对荷兰皇家壳牌集团来说，这个答案是肯定的。但对 GSR 来说，就不是了。

高频交易

有些算法被用以进行高频交易，使其买卖速度快到超乎人的想象。计算机可能会注意到，只要股价下跌的股票数量在接下来的 140 秒内比股价上涨的股票数量超出 8%，标准普尔 500 指数的期货价格通常也会上涨。计算机将这一指标存档待用。当同一信号再次出现时，计算机便发动猛攻，立刻买入数千手标准普尔 500 指数期货，随后又迅速卖出。《连线》杂志对这些自动化系统赞不绝口，认为它们"比所有人类都更高效、快速和聪明"。更快速，确实是的；但更聪明，并非如此。

投资公司花费几十亿美元建立靠近股市的交易中心，使用光纤网线、微波塔台和激光通信线路，将芝加哥、纽约、伦敦、法兰克福和东京的信息传播与交易下单时间缩短至毫秒和纳秒。例如，纽约证券交易所和芝加哥商品交易所之间的一连串微波塔台，能在 9 毫秒内往返发送距离超过 700 英里的买卖订单。为什么要这么做呢？

第一个目的是，利用可察觉到的定价差异。假设 IBM 的股票在一家交易所的每股买入价为 200.0000 美元，在另一家交易所的每股卖出价为 200.0001 美元。发现这一异常现象的计算机程序会以 200.0000 美元尽量多地买入，为的就是在一毫秒后再以 200.0001 美元卖出，直到这一价格差异消失。每股 0.0001 美元的收益并不多，但是如果在一秒内完成数百次或数千次交易，就能产生非常可观的年收益。

在理性的世界里，资源不会浪费在这些无意义的事情上。不同交易所的股价出现如此细微的差异，这真的重要吗？差异定价持续了 9 毫秒，而不是 10 毫秒，这真的要紧吗？

极速交易的第二个目的是，比普通投资者更快一步下单。如果杰里下单，以当前市场价格买入 1 000 股股票，极速运转的交易程序可能会先买入，又在毫秒之间卖给杰里，一来一回每股赚取 1 美分的利润。以每股 1 美分的收益交易 1 000 股，就获得了 10 美元的收益。如此不断重复，利润可以达到数百万美元。计算机坑骗杰里，让他每股多付 1 美分，这给社会带来了什么经济利益呢？毫无利益可言，只不过是个计算机化的扒手偷了钱，受害者甚至还蒙在鼓里。

更根本的是，用超级智能程序来运行极速交易程序，而不是将其用在大有裨益的地方，会带来什么经济利益？建立交易中心，布好传输线路来加快股市下单，而不是将这些资源用在大有裨益的地方，会带来什么经济利益？

极速交易反而会雪上加霜，导致经济损害。

如果有人让计算机寻找有可能获利的模型（无论所发现的模型是否合理），然后在模型重现时买入或卖出，计算机会唯命是从（无论这个模型是否合理）。的确，计算机背后会有人吹嘘，他们真的不知道为什么自己的计算机会自行决定交易。毕竟，计算机比他们更聪明，不是吗？他们该做的不是自吹自擂，而是自求多福。

指令克隆问题也提高了黑匣子式高频投资的风险。如果软件工程师给几百台计算机下达相似的指令，就会有数百台计算机在同一时间竞相买卖同一只股票，广泛影响金融市场的稳定。《连线》杂志值得赞扬的是，它认识到了无人监管的计算机一致运作存在危险："最糟糕的情况是，无人监管的计算机变成难以捉摸的反馈循环……最终击垮了计算机系统。"

闪电崩盘

2010 年 5 月 6 日, 美国股市受到著名的 "闪电崩盘" 的冲击。当天, 投资者都担心希腊债务危机, 一名焦虑的互惠基金经理设法卖出 41 亿美元的期货合约, 以对冲其投资组合。他的思路是: 如果市场下跌, 基金股票投资组合的损失可以用期货合约的收益抵消。这一看似谨慎的交易, 不知怎么就触发了计算机。计算机买入大量该基金卖出的期货合约, 然后又迅速卖出, 因为它们不喜欢长期持有头寸。期货价格开始下跌, 于是计算机决定加大买入卖出的数量。受到刺激的计算机疯狂进行交易, 自买自卖基金的期货合约, 就像一个被丢来丢去的烫手山芋。

没有人确切知道计算机为什么会突然一发不可收拾。记住, 就连计算机背后的人也不明白, 计算机为什么会进行交易。在 15 秒的间隔时间内, 计算机跟自己完成了 2.7 万次期货合约交易, 占总交易量的一半, 在疯狂的 15 秒结束后, 净购买量只有 200 份合约。这一疯狂交易扩散到了常规股市的交易大厅里, 卖出的订单淹没了潜在的买家。道琼斯工业平均指数在 5 分钟内下跌近 600 点。坚如磐石的蓝筹股宝洁的股价也在不到 4 分钟内下滑了 37%。有些计算机为苹果公司、惠普公司和知名拍卖行苏富比支付的每股股价超过 10 万美元。还有些计算机将埃森哲咨询公司的股票和其他主要股票以每股不足 1 美分的价格卖出。这些电脑都没有常识, 它们完全不知道苹果公司和埃森哲咨询公司的价值。只要算法下达指令, 它们就盲目地买卖。

　　直到期货市场的内置安全卫士中止所有交易 5 秒，这一疯狂局面才得以落幕。令人难以置信的是，这短短的 5 秒，就足以说服计算机停止它们的疯狂交易。15 分钟后，市场恢复正常，道琼斯工业平均指数短暂暴跌 600 点也只是梦魇般的回忆。

　　在那以后还发生过"闪电崩盘"，未来可能会出现更多。令人匪夷所思的是，2013 年 8 月 30 日，宝洁再次于纽约证券交易所遭遇一次微型"闪电崩盘"，之所以这么说，是因为并没有对该交易所其他股票产生特别大的影响，宝洁在其他交易所的股票也没有受到特别大的影响。

　　莫名其妙的是，纽约证券交易所的约 200 次交易，包括涉及宝洁股票在 1 秒内完成的约 25 万股交易，触发股价下跌了 5%，从 77.50 美元降至 73.61 美元，随后在不到 1 分钟内即恢复。有个运气好的人，恰巧在正确的时间，出现在正确的地方，买入了6.5 万股该股票，立刻赚了 15.5 万美元。为什么会发生这种情况呢？无人知晓。

　　虽然交易所启动安全卫士限制了进一步的"闪电崩盘"，但这也说明了黑匣子式投资算法的根本问题。这些计算机程序不知道每只股票（或任何其他投资）是真的廉价还是昂贵，甚至没有试图估算这只股票的真正价值。这就是为什么计算机程序可能以10 万美元每股的价格买入苹果的股票，而仅以 1 美分每股的价格卖出埃森哲的股票。

底　线

计算机没有常识或智慧。它们能识别统计学模式，但无法判断所发现的模式是否有逻辑基础。20 世纪 80 年代，当黄金和白银价格的统计学相关系数被发现时，计算机程序怎么可能察觉得到这个统计学相关系数是否具备合理的理论基础呢？在宝洁股票价格瞬间下跌 5% 时，计算机又怎么能判断这次暴跌是有理有据，还是荒谬离谱的呢？

"人非圣贤，孰能无过。"但是人也有潜力识别那些错误，避免被计算机模型所诱惑。

我曾经的一名学生创立了一家成功的基金公司，采用的是投资其他投资基金的策略，而不是直接买入股票、债券和其他资产。他勤勉努力，采访了数千名投资者和基金经理。最后，他确定了金融工程师对冲基金的四种类型（有些基金经理会结合多种策略使用）。

1. 纯套利。利润来自交易等同或接近等同资产，通常为高频交易。例如，在两所不同的交易所的同一只股票。其利润一般很小，但稳定，风险小。

2. 市场制造者。利用股价差异，例如，在不同交易所的相似证券以极小差价进行交易。获利可观，但风险在于，交易不按照预期价格执行，尤其在交易所于不同时间和不同日期开盘时（受假期影响）。

3. 统计学套利。使用数据挖掘算法来识别有可能是有利可图的交易基础的历史模型。利润丰厚，但风险也很大。例如，在一家航空公司买入股票，到了另一家便卖出。

4. 基本面量化。采用基础数据（如股价／收入），有助于支持具有某些特征的股票，同时避开或卖空具有相反特征的公司。

他对金融工程师的总体评估是："如今有几千名'金融工程师'投资者和互惠基金。只有小部分能够实现极好的长期获利。正如音乐家，可以靠不止一种类型的音乐取得成功。爵士、摇滚和乡村音乐艺术家的演出门票都会销售一空，同时还有几千名其他类型的音乐家在更廉价的夜店或街道转角演奏。"

第 12 章

我们都在监视着你

人类常常会将动物、树木、火车等非人类物体拟人化，假定它们具备人的特征。例如，在儿童故事和童话中，小猪盖好的房子被狼吹倒了、狐狸会和姜饼人说话。

　　花一分钟思考一下这些故事。那三只小猪具有人的特征，反映在它们分别盖了草屋、木屋和砖屋。野狼使出各种诡计，想要把小猪从砖屋中引出来，但三只小猪还是以智取胜，在发现野狼爬上屋顶是为了从烟囱进屋时，便在壁炉下放了一大锅沸水。

　　一名膝下无子的妇女刚烤好的姜饼人，为避免被吃逃跑了。它逃离了那名妇女、她的丈夫、其他人和动物，大声奚落追赶它的人："快跑。使劲跑！你就是抓不到我。我是姜饼人！"在有些版本里，有只狐狸欺骗姜饼人说带他过河，最后姜饼人还是被狐狸吃掉了。我小时候听到的版本是，一只狡猾的山猫企图引诱姜饼人到它家吃晚饭，但是附近一棵树上的小鸟警告姜饼人，山猫是想把它当作晚餐。于是，姜饼人就逃跑了。山猫龇牙咧嘴地低吼："真讨厌！"姜饼人后来又跑回家里，全家人都欢迎他回来。姜饼人也承诺，再也不逃跑了。

　　这些都是经久不衰的童话故事，因为我们是如此乐意，也可以说是渴望假设这些动物（甚至饼干）拥有人类的情感、想法和动机。同样，我们也假设计算机拥有情感、想法和动机。但它们并没有。

不要将计算机拟人化。

它们讨厌这样。

尽管如此，我们对描述机器人变得比人类更聪明的骇人听闻的科幻小说情境，既着迷又恐惧，其中的机器人聪明到决定必须消灭会让自己丧失能力的人。

《终结者》和《黑客帝国》等电影的成功，让很多人都相信这就是我们不久后的未来。就连史蒂芬·霍金和埃隆·马斯克这样有影响力的大人物，也警告人们机器人会起来反抗。2014 年，马斯克对一群麻省理工学院的学生说："我们是在用人工智能唤醒恶魔……在这些故事里，有一个人拥有魔力五角星和圣水，他自信能控制恶魔，但最后还是失败了。"三年后，马斯克发了张照片，上面有一句不详的警示："到最后，机器会取胜。"2017 年，剑桥大学名誉教授马丁·里斯爵士预测将来会是"后人类"世界，机器会统治地球长达几十亿年。幸运的是，他认为机器人统治世界在"几百年内"不会发生。

与我交谈过的所有知识渊博的计算机科学家都把计算机统治世界的想法当作纯粹的幻想而已，不予考虑。计算机并不知道世界是什么，人类是什么，也不知道生存意味着什么，更别说知道如何生存了。

更现实的危险在于，人类之所以听从计算机的指令，不是因为害怕被它消灭，而是因为惊叹于计算机的能力，相信它可以做出重要的，甚至生死攸关的决定。还记得希拉里·克林顿是如何过度信任"阿达"的吗？她并非个例。哪份房贷申请会被批准？哪名求职者会被录用？哪个人会被送进监狱？应服用哪种药？哪个会是轰炸目标？有太多人认为，因为计算机比我们聪明，所以应该由它们来做这些决定。

从开始到现在，我一直千方百计地为你阅读本章做好铺垫。下文内容或许将让你大吃一惊——除非你思考我们在前面章节讨论过的问题。

大数据主要意味着，"大企业"（Big Business）可以监视我们的信用卡、支票存款账户、电脑和电话，或从专门搜集个人信息的公司购买数据，以便能够预测我们的行动，操控我们的行为。

它们不仅监视我们在商店或网上的购买记录，还监视我们的网页浏览记录、手机使用记录、驾驶的车型和朋友圈。有些企业利用监控摄像头来追踪我们在其商店的行走路线，据此排列商品来引诱我们购买更多东西。你有没有注意过，宜家的布局就像个大迷宫，找不着方向的顾客几乎不得不走过每一条小道，才能到达想去的那个区，然后又得按原路返回，才能找到出口。这并非无意之举。

"大企业"搜集到的海量个人数据用来促使和刺激我们买一

些不需要的东西、参观一些不喜欢的地方和投票给不信任的候选人。"大企业"也会使用大数据来决定谁该被录用或被辞退。

其中一个障碍在于，人类是反复无常，甚至是不理性的，因此要预测人类的行为十分困难。为什么豆宝宝（Beanie Babies）和卷心菜娃娃（Cabbage Patch Kids）变成了昂贵的收藏品，而其他角色的填充玩具只是默默出现，又默默消失了？为什么会掀起呼啦圈狂热，之后又消退了？为什么有些电影票房失利，而有些则破了票房纪录呢？

畅销小说家威廉·高德曼靠写电影剧本曾两度捧获奥斯卡奖。他在自己的回忆录《银幕春秋》（*Adventures in the Screen Trade*）中写道：

整个电影业唯一重要的事实可能是：所有的人都一无所知！

高德曼还举了两个例子：

《夺宝奇兵》是影史上票房排名领先的电影……但是，你知道这部电影曾被商业区的所有影院拒绝吗？

除了派拉蒙影业公司。

为什么派拉蒙会接受？因为所有人都一无所知。为什么其他影院会拒绝？也是因为所有人都一无所知。为什么实力最强的环球影片公司决定把《星球大战》转交出去？因为没有人，没有一个人（现在不会，也永远不会）对票房将会如何有丝毫头绪。

我们都容易冲动，多愁善感，爱跟风随大溜，常做蠢事。

此外，我们一次又一次地见证了数据挖掘算法一定会发现一些模型，这些模型对过去情况的预测结果好得让人难以置信，但是对预测未来状况毫无作用，甚至更糟。大数据并不总是最了解情况的，对企业、政府和普通市民来说，依靠数据挖掘模型（尤其是隐藏在黑匣子里的模型）来做重要决定，会带来重重危机。

妊娠预测指标

塔吉特公司是美国第二大零售百货集团（仅次于沃尔玛）。塔吉特的品牌定位比沃尔玛更高——满足"更加年轻、有形象意识的顾客"。因此，为了与城市消费者产生共鸣，它还特地造了个法文名：Tar-jay 或 Tarzhay。

塔吉特最擅长的就是搜集和分析顾客数据。它为每位顾客单独派发了贵宾卡号，用来追踪他们所有的购物记录以及与塔吉特的互动情况，包括电子邮件、网站访问和优惠券使用情况。为了了解顾客，塔吉特搜集并购买其他数据，包括明显具有价值的信息（如年龄、职业和大概收入）和价值不太明显的数据（如在音乐、电影和咖啡机方面的喜好）。

在一个有趣的项目中，塔吉特开始着手标识怀有身孕的顾客。它找出更可能在人生大事的转变期——结婚、生子和离异时期——改变购物习惯的客户群。塔吉特想诱导新晋妈妈在他们公司实现一站式购物体验。

在妈妈们生下孩子后，很多商店都利用公开的出生记录，轰炸式地向新生儿家庭发送跟婴儿用品相关的优惠券和优惠信息。塔吉特希望能先声夺人，在这些准妈妈临盆前就锁定她们。

承担本次项目的任务小组并没有使用数据挖掘软件，狂搜庞大的数据库，寻找统计学相关系数，或执行更糟糕的措施，如使用数据规约程序将他们的数据转化为无法识别的数据大杂烩。相反，他们通过标识在塔吉特登记宝宝信息的女性，建立了自己的模型，然后对她们购物习惯的改变进行分析。他们也思考了，人们是如何猜出某名女性怀孕了的。他们知道，孕妇在怀孕的前半段时期，都喜欢买营养补品，如补钙的；在第二孕期期间，倾向于购买使用无香味的香皂和乳液；到了第三孕期期间，便开始囤棉球和婴儿浴巾。在监控统计学分析的小组人员看来，这些线索都很合理。

塔吉特运用 25 件商品的数据来推算一名女性怀孕的可能性，然后预测她的预产期。它将自己的模型运用到所有顾客身上，给她们发送（注意喽）有针对性的优惠券和特别优惠信息，诱导可能怀孕了的女性到店消费。塔吉特还利用自己的数据库来确定优惠类型——邮寄传单、电子折扣或星巴克优惠券，这是有史以来针对每一位顾客最成功的一招。

唯一的问题在于，有关婴儿的优惠券会让女性心生警惕，觉得塔吉特侵犯了她们的隐私，知道自己怀孕在身。于是塔吉特不得不做出调整，将和婴儿有关的优惠券与无关的优惠券混在一起，这样就不容易让这些女性察觉到塔吉特掌握了所有信息。

塔吉特的模型见效了，因为它是由人类专家来管理的，也没有隐藏在黑匣子里。但数据挖掘模型就截然不同了，数据挖掘方法会运用数据规约步骤（如主成分分析）处理女性的数百个特征，就连毫无意义的数据也不放过，如买了男士袜子和猫粮。这么做得到的结果，就像一道莫名其妙的浓汤，既有苹果，又有橙子，还有土豆。塔吉特并没有这么做，但其他公司却照做不误。

谷歌流感

2011 年，谷歌报告称，其研究人员已经开发出名为"谷歌流感"的人工智能程序——利用谷歌搜索的查询功能来预测流感的暴发，最多可早于美国疾病控制与预防中心（CDC）10 天做出预测。他们吹嘘道："我们能准确推算出美国每个地区每周流感活动情况的当前水平，报告时间间隔约为一天。"他们的大言不惭为时过早。

谷歌的数据挖掘软件审查了 5 000 万条搜索查询，找出了与流感发病率相关的 1 152 个观察结果最吻合的 45 个关键词，再使用 IP（互联网协议）地址来识别该搜索来自哪个州。为了安抚谷歌用户，表示他们的个人隐私没有被侵犯，谷歌报告称，"谷歌流感"是个完全黑匣子式的程序，因此在选择搜索词语方面没有人为影响，而且，被选关键词也不公开。这样的坦言或许能安抚那些担心自己隐私的用户，但对那些知道黑匣子式模型缺点的用户来说，这应该是个危险信号。

在 2011 年的报告中，谷歌表示该模型的准确率高达 97.5%，意味着在样本内时期，模型预测结果和 CDC 公布的真实数据之间的相关系数为 0.975。一名麻省理工的教授对此模型称赞不已："这种方法看上去真的很明智，利用谷歌用户无意间创造出来的数据，查看在网络世界里看不见的模型。我觉得，我们还只是蜻蜓点水，还有更多集体智慧可以深入挖掘。"

然而，在报告发布后的 108 个星期内，"谷歌流感"有 100 个星期都过度推算了流感病例数量，错误率接近 100%。"谷歌流感"对样本外数据的预测结果的准确率比样本内的低得多，预测出未来一周的流感发病数量会与一周前、两周前，甚至三周前都相同。由于流感发病率到了冬季会上升，夏季则下降，因此，就连根据每日气温制定的简单模型都可能比谷歌的黑匣子程序预测得准。

谷歌表示，"谷歌流感"对样本外数据预测失败可能是因为选择了"发烧"（fever）等不一定与流感有关的通用搜索术语。或者，可能那些人以为自己患了流感，但其实没有。毕竟，普通人没法像医生那样准确判断。

这些都没错，但是数据在训练期间只是噪声，其准确率还是达到了 97.5%。种瓜得瓜，输入无用的数据，输出的自然也是无用的数据。为什么大家都想着石头真的能变成金子，就因为这个模型有"谷歌"的名字加持吗？

有人质疑说，由于流感暴发具有高度季节性的特征，"谷歌流感"可能主要是冬季探测器，挑选出季节性的搜索词语，如新年前夕和情人节。记得吗，华盛顿市奥玛克镇的最高气温是如何预测澳大利亚科廷的次日最低气温的？即使两者之间根本不存在因果关系。谷歌的流感预测可能也是同理。审查 5 000 万个搜索词语，一定会有某些恰巧与流感暴发、出生率和中国茶叶价格相关的信息。纸包不住火，问题总有暴露的一天。

"谷歌流感"从此再也没有预测过流感。

机器人测试仪

一家经营分析业务的公司 WhatWorks 主要测试为互联网公司设计的不同网页。WhatWorks 先使用计算机化的随机事件生成器把访客引至网页设计不同的页面，通过这个实验来做出推荐。测试几天后，WhatWorks 会告诉客户，哪款网页设计会产生最高的人均收益。

WhatWorks 受聘于一家互联网企业 BuyNow，管理 100 多万个网页。WhatWorks 进行了上述测试，然后反馈了一个最佳设计方案。BuyNow 提出了一个更好的点子。浏览不同网页的访客可能有不同的偏好，因此，为什么不给每个网页量身定制设计呢？BuyNow 并不知道访客的差异在哪儿，也不知道这些差异可能会如何影响他们的喜好，却认定定制化的设计比通用的更好。

这没办法手动完成，人类专家不可能这样来决定每个网页的设计，因为这需要做超过 100 万次试验。而且，很多网页的访客量微乎其微，通过测试决定还得花数月时间。因此，为什么不利用机器学习的能力？ BuyNow 请 WhatWorks 有偿开发了机器人测试仪（Robo-Tester）。这个自动化的人工智能系统能让每一个网页使用各种设计，监测哪种效果最好，而且，随着它可信度的提高，受喜爱的设计的出现频次也会增加。

只可惜，理想很丰满，现实很骨感。BuyNow 以为这个人工智能系统会提供最终确定的答案，但是网页浏览量以及由此产生的收益状况也会有很多随机噪声。一款拙劣的设计只是侥幸看上去不错，哄骗机器人测试仪喜欢上这个不好的设计。此外，随机噪声意味着，机器人测试仪不可能百分之百确定它已经找到了最佳设计，因此它会继续测试被淘汰的设计。

最后的结果是，与 WhatWorks 专家最初建议的单一设计相比，机器人测试仪使 BuyNow 的收益减少了约 1%。

尽管是 BuyNow 自己出的主意，它还是怨声载道。

BuyNow：使用 AI 技术自动化处理每一个网页的设计，这有什么不好？

WhatWorks：你单个网页浏览量都不足以得出有意义的测试结果。

BuyNow：那有统计结果证明可行的话，只转换布局怎么样？

WhatWorks：统计学的结果不一定有意义（在惊愕中沉默）。

WhatWorks：我的意思是，做上 100 万次测试，你怎么都能得到统计学上的证据，但这并不意味着就能选出最佳设计。

BuyNow：是哦，你总是这么说。

WhatWorks：可我一直都没说错啊！

WhatWorks 确实没错，但有些人就是听不进去"使用人工智能系统会适得其反"这句话。后来，BuyNow 终止了与 WhatWorks 的合作。

就业申请

基于量化数据（如平均绩效、工作年限）来评估求职者真的比登天还难。即便在"大数据圣殿"谷歌，其负责人力运营部的副总裁也在 2016 年坦言：

"向我介绍一下你自己。你最大的优点和缺点是什么？"这些普通的面试问题都无法体现这名求职者能否胜任这份工作。

其实，应该问的问题是"举个例子说明你曾经有过与求职岗位相似的工作经验"。这类问题叫作"结构化行为面试问题"。问其他问题只是浪费时间而已。

但是，人工智能程序又怎能提出和评估结构化行为面试问题呢？

对于那些有过相似工作经历的求职者，最重要的素质就是迅速适应且胜任新工作的能力。一名优秀的新雇员会清楚什么是所需信息、如何利用这些信息以及如何处理意料之外和模棱两可的情况。

可在这些情况下人工智能程序只能查找特定关键词来筛选，如 Excel（电子表格软件）、销售、数学和博士等。人工智能算法不会灵活处理，它想不到这些关键词是评估求职者的秘诀。除非算法的创建者将词语输入程序，否则，查找 computer science（计算机科学）的人工智能算法会忽略 data analytics（数据分析），查找 PhD（博士）的会忽略 Ph.D.，查找 mathematics（数学）的会忽略 math。人工智能算法不会知道"MakeMyDay"既是一家互联网礼品公司的名字，也代表一家专门观看克林特·伊斯特伍德电影的俱乐部。人工智能算法也搞不清楚在加州理工学院取得 3.2 分的平均绩点（天才的水平）和在一些我连名字都说不上、容易考进且夸大分数的学校取得同样多的平均绩点，会有什么区别。

　　所以，求职者会伺机利用系统的特点，在他们的自荐信和简历中添加必备的关键词，例如，表示自己对 mathematics 感兴趣，而不是写明自己的数学水平。

　　如果你曾注意过成功或不成功的求职者，就会知道求职的成败并不取决于简历和求职信所包含的关键词。

　　有些公司开发了数据驱动的软件，通过监视求职者的网络动态来评估他们。有家公司的首席科学家承认，人工智能数据挖掘软件所选的部分因素并没有意义。例如，该软件在其数据库中发现几名出色的程序员都频繁访问过一个日本漫画网站，因此它做出的判断是，浏览这个网站的都可能是出色的程序员。这名首席科学家表示："这显然不存在因果关系。"但话又说回来，她认为该软件仍大有用处，因为其中存在明显的统计学相关系数。真让人大跌眼镜！这恰好再次证明了一个毫无根据的观点（就连应该更清楚这一点的人也会误解），即数据比常识更加重要。但实则不然。

　　该名科学家还说，公司的算法观察了几十个变量，随着相关系数的出现和消失，不断更换变量。她认为，一直变化的变量体现了该模型的能力和灵活性。不过，更有说服力的解释是，该算法捕获了转瞬即逝、毫无价值的偶然性相关系数。如果这些是因果关系，它们不会出现了又消失，而是会一直存在，并且有所用处。这就好比股票的技术分析发现了飞逝的模型，然后就是捏造模型、进行测试、改变模型，不断重复。

那么，这家公司的软件成功识别出优秀的求职者了吗？一名在该公司任职三年的员工写道：

> 顾客真的很讨厌这个产品。几乎没有顾客有过整体良好的体验。这种情况已经持续多年，管理层都无力回天，无法解决这个问题。该产品小组没做过任何产品研究，或是建设性地将有意义的反馈建议融入产品设计，所以这个问题永远都无法解决。

招聘广告

计算机算法也会用于工作招聘。本书的引言讨论过政客如何使用微目标锁定的方法来精心设计宣传口号，缩小潜在投票者的范围。企业的做法也如出一辙，事实上，是它们最先采用这种方法的——利用庞大的数据库探清顾客的想法，找出他们容易接受哪些产品的特定推销手段。

微目标锁定给予拥有海量个人数据的互联网公司，远胜于报纸、杂志、广播、电视等传统广告媒体的巨大优势。企业不需要购买广大受众都能读到、听到或看到的广告，而是专门针对潜在顾客。

招聘广告也是如此。企业不必将招工信息广而告之，而是针对有资质和有兴趣应聘的潜在求职者。不幸的是，这也会有意或无意地造成歧视。

2017 年,《纽约时报》和 ProPublica(非营利性在线新闻机构)开展的新闻调查研究荣获普利策奖。该研究发现,微目标锁定的招聘广告常常歧视年龄大的工作者。例如,威瑞森电信的一则金融相关岗位的招聘广告,被推送至对金融感兴趣、当前或最近住在华盛顿、年龄介于 25~36 岁的脸书用户;UPS(美国联合包裹)的招聘广告只对准了年龄位于 18~24 岁的群体;State Farm(美国汽车保险公司)的招聘广告面向 19~35 岁的人群;而脸书则有意招聘 25~60 岁的人。

有些公司争论说,这样的定位方式与刊登在受年轻读者欢迎的杂志上,或者播放于年轻听众爱收听的广播电台的广告并无不同。这也就是为什么日间电视节目会出现很多针对职业培训学校和人身伤害索偿律师的广告。然而,作为年逾 60 的人,我可以读任何想读的杂志、听任何想听的广播、看任何想看的电视,但就是看不到脸书没有推送给我的广告。我甚至都不知道这些广告的存在。

2016 年,有一项评估社交媒体广告有效性的实验,想要通过性别中立的手段招聘科学、技术、工程和数学工作领域的人才。尽管已经明确说明其性别中立的意图,但看到此则招聘广告的男性数量还是比女性多 20%。

研究人员认为,或许是女性访客点击该广告的可能性更小,因此,设法使点击率最大化的人工智能算法可能不会再关注女性访客流量更大的那些网页。这么想就错了。其实，女性更有可能点击那则广告。而女性访客点击率更低的原因更加微妙。人类能够查明此原因，但计算机算法就望尘莫及了。

年龄介于 25~34 岁的女性是更有价值的互联网客户，因为她们更容易点击售卖产品的广告，也更容易在线购买产品。因此，女性访客流量较高的网站的广告费用更贵。无论是招聘，还是产品，其广告费都不低。而设计目标为以最少费用投放广告的人工智能算法，自然坚决不会选择价格相对高的网站，但这些却都是女性浏览频率更高的网站。

研究人员思考出这个创意十足的答案，还能够以各种方法进行验证。而人工智能算法对此浑然不知。

贷款申请

一直以来，贷款评估申请都是采取合理方法衡量申请人的还贷能力，比如偿还贷款和其他账单的记录。还贷能力取决于其就业记录、收入、财产和其他债务状况。账单支付记录只是反映有多少笔账被迟付或未付。放贷的 5C 原则是：

性格（Character）：申请人是否有及时付清账单的记录？是否有犯罪记录？

能力（Capacity）：申请人是否有稳定的就业经历？是否有

充足的收入用以偿还贷款等债务？

资本（Capital）：申请人的收入若减少，是否有充裕的财产用以还贷？

条件（Conditions）：申请人的就业领域的局势是否不稳定？

担保（Collateral）：申请人若未偿清贷款，是否有充足的担保品让贷方拿回款项？

在互联网和社交媒体爆炸式发展的今天，贷方开始寻找其他没那么直接的判断依据，尤其是个人性格方面。例如，访问内容正面的网页、与正派的人交往以显示自己的正派作风。没错，就像校园里的约会游戏，分受欢迎的和不受欢迎的两派。此外，你还是可以摆弄这个系统。比如，不在网络上发表任何尴尬的言论，或公开做出让自己难堪的行为举止。阅读严肃的人写的严肃的网络文章，在严肃的网站发布严肃的评论。

贷方迟早会发现，他们可以摒弃人工评估使用的5C原则，转向在网络上人工搜索贷款申请人，看看是否会弹出令人难堪的信息。他们能利用人工智能来评估贷款申请者了！

2017年，中国一家 AI 放贷应用程序开发公司的创始人兼CEO争辩道：

银行专注于海面上的冰山一角，我们创建算法是让海面之下的海量数据也有意义。

海面之下有哪些有用数据？你可能会诧异于了解到这一切都离不开智能手机。很多人可以通过智能手机从网络贷方获得小额短期贷款。

这家中国公司的数据挖掘软件真的能够获取大量通过手机提交的贷款申请。此外，它还能为人工智能程序收集到关于智能手机本身的信息，以查出统计学模式。那名 CEO 还夸夸其谈道：

我们没有从传统的金融机构聘请任何人负责风险控制……我们不需靠人来告诉我们顾客是好是坏。技术，就是我们的风险控制。

显示某人信用风险小的证据包括：使用安卓系统手机，而不是 iPhone（苹果手机）；不总是立即接听电话；呼叫电话不总是有人接听；手机不保持满电状态。

我们可以编出一些说法来解释所发现的这个统计学模式。使用价格不高的安卓系统手机，说明花钱谨慎；不总是立即接听电话，说明工作认真；呼叫电话不总是有人接听，说明其朋友也同样工作认真；手机不保持满电状态，说明其精力更集中在工作，而非手机上。这样的解释说服你了吗？

如果你被说服了，可能会诧异于真实结果恰好相反。上述都是信用风险大的迹象！当然，我们照样可以编出故事。使用安卓系统手机，说明买不起 iPhone；不总是立即接听电话，说明在躲避债主；呼叫电话不总是有人接听，说明人缘不好；手机不保持满电状态，说明不负责任。

重点在于，人类有足够的智慧给任何发现的统计学模型创造合理解释，即便这些模型是数据挖掘软件发现的随机噪声。找出模型说明不了什么，编造符合模型的故事也说明不了什么。

我预测，无论模型与数据的吻合度是否很高，这些算法对贷款拖欠状况的预测都会不理想。

汽车保险

2016 年，英国最大的汽车保险商上校保险公司（Admiral Insurance）推出了 "firstcarquote 计划"（保费报价计划），利用人工智能技术分析申请者的脸书发帖，以此作为设定汽车保险费率的依据：

我们已经知道，社交媒体的发帖能告诉我们某个人的信用风险是高是低，而汽车领域也是如此。统计学证明，具备某些性格特征的人比其他人更容易发生车祸。但是标准的保险问题不会测量性格特征。在 "firstcarquote 计划" 中，我们会通过分析司机的脸书发帖，了解他们的性格特征。如果我们发现说明你开车谨慎的迹象，就会为你送上 5%~15% 的价格优惠，可在公司官网领取。

该公司的主管领导表示，人工智能算法通过制定清单和设置特定截止时间，在脸书帖子中寻找说明申请人谨慎小心的迹象。该公司设计算法的顾问给出了让人半信半疑的理由：

过度自信的人可能会使用"总是"或"从不"这类词语。靠不住的司机可能出现更消极的情绪，更常使用的词语是"或许"或"可能"，这表示他们很不自信……你能从中推断出关于性格的信息，而根据性格，我们又可以判断出你开车的安全性有多高。

然而，这样的解释令人疑信参半，用词选择或许能传达出申请人的性格特征，但很难说明这能当作判断某人是否容易出车祸的可靠预测指标。

该顾问接下来的解释偏离到越来越站不住脚的地步。他声称，对车险索赔来说，喜欢迈克尔·乔丹和莱昂纳德·科恩是个好的预测指标。最后，他本想再吹嘘一番，却不经意间承认了事实：

我们计算"驾车安全程度"的算法仍在不断完善中，将社交媒体上的数据和现实说明数据进行匹配……我们的分析并不基于任何特定模型，而是根据数千个点赞、用词和用语的不同组合，还会随着从数据中获得的新证据不断变化更新。因此，我们的计算反映出司机通常在社交媒体上的表现，以及这些表现的可预测性，而不是关于一名驾车安全的司机会长什么样的固定假设。

打住，就是这句。没有"固定假设"意味着没有逻辑基础。该算法只是黑匣子式的数据挖掘模型，寻找历史相关系数，毫不关心模型是否合理。此外，该算法不断改变是因为它毫无依据，所以才会被短暂出现的相关系数摆弄来摆弄去。又是捏造模型—进行测试—改变模型，如此循环。

不过，我们再也没有机会看到这个算法成功与否了。就在该计划推出的前几个小时，脸书宣布不允许上校保险公司获取脸书的数据，其政策为"严禁使用从脸书获取的数据来判断条件资格，包括是否批准或拒绝申请人、收取多少贷款利息"。

对上校保险公司来说，这或许是塞翁失马，焉知非福。

社会信用评分

目前，有些企业与政府合作搜集数据，追踪民众的购买记录、出行记录、行为记录等可表明该人不值得信赖的信息。

被计算机算法评为高分的民众可享有价格折扣，支付很低的保费费率，减免租金。对那些评分低的民众，则不允许其购买某些商品，还必须为能购买的商品支付更多的钱。他们的出行选择和居住方式也很有限，他们还可能会受到警方监视。一家公司的总经理表示，这些评分"确保社会上的坏人无处可去，而好人则能行动自由，毫无障碍"。

这些评分背后的某些数据是合理的，例如，使用还贷记录来预测贷款拖欠情况。然而，有些数据肯定只是短暂的相关系数，例如，根据玩什么视频游戏或看什么电影来预测贷款拖欠情况。

一个人如果有评分低的朋友，自己也会受到消极影响。如果爱丽丝的评分下降，有些朋友就会抛弃她，以防自己的评分降低，这对爱丽丝的评分更是火上浇油。这种做法会造成社会分裂，因为评分高的人获得奖励的方式，是将评分低的人踢出自己的社交网络。

虽然脸书阻止上校保险公司利用其数据来为保险费率定价，但也说明不了脸书没有私心。脸书拥有基于你和你的脸书好友来评估贷款申请的专利算法。我写到这里的时候，脸书还未启用它的算法，但别以为它没有动过这个念头，也别以为它没有其他利用数据牟利的方法。

黑匣子式歧视

采用微目标锁定方法的招聘广告，就是有意青睐特定群体（也就不可避免排除其他群体）的明显例子。然而，如果微目标锁定利用了黑匣子式的算法来发现统计学模式，暗中造成了年龄、性别或种族歧视，这种不公平现象就很难被察觉。

没有人，就连编码的程序员也无法确切知道，黑匣子式的算法是如何做出预测的，但几乎能肯定的是，就业、贷款和保险算法都直接或间接考虑到性别、种族、民族和性取向等因素。如果黑匣子式算法会选择某些性格特征作为不良行为的预测指标，而某些人就因为具备这些性格特征遭到惩罚，是不合乎道德伦理的。

思考一下，算法通过浏览申请人访问的网站来评估职位申请者——不是好的或不好的网站，仅仅是与现有雇员有所关联的网站。虽然某个日本漫画网站很受男性软件工程师欢迎，但这对一名不会花时间浏览该漫画网站的西班牙女性来说，有多公平？

再思考一下，算法通过接听来电的频率来评估贷款申请。这对经常接到电话销售员来电的男性犹太教徒来说，有多公平？

继续思考一下，算法基于脸书的用词选择，以及某人是否喜欢迈克尔·乔丹或莱昂纳德·科恩，来设定汽车保险费率。这对喜欢迈克尔·乔丹的黑人男性和喜欢莱昂纳德·科恩的白人女性来说，有多公平？如果性别、种族、民族或性取向碰巧与汽车保险索赔存在偶然性关系，又有多公平？

不合理的搜查

一直有人争论道，挖掘"看似无关的数据"能够"发现、推断和侦查出犯罪活动"。我的天啊！竟然利用无关的数据来打击犯罪活动。

例如，或许我们可以利用数据挖掘算法，而不是法院来批准搜查令吗？我们似乎已朝这个方向前进，不过这次探索之旅肯定不尽如人意。

搜查令通常都有范围限制，也肯定是基于特定的、个别化的、没有明显无辜解释的事实的。如果缉毒犬嗅到了行李包有特殊味道，听到从汽车后备厢里传来声音或在地下室发现制毒设备，就是没有明显的无辜解释。但是，如果一家人锁上前门（为了防盗）或前往哥伦比亚（为了探亲或度假），就是有明显的无辜解释。

举个更复杂的例子。在伊利诺伊州，警方获取搜查令搜查一家酒馆，理由是该酒馆老板贩卖海洛因。警方进入酒馆对顾客进行搜查，发现文图拉·伊巴拉将海洛因藏在烟盒里。最高法院判决对伊巴拉先生的搜查属非法行为，因为这是基于"株连罪"的搜查，而不是基于任何特定的可能原因。警方并不认识伊巴拉，他当时只在玩弹球游戏，没有逃跑意图、藏匿物品等可疑行为。他出现在该酒馆具有明显的无辜解释——进来喝一杯，玩玩弹球。

法院声明，"可能的原因（必须是）具体针对（某一个）人的"，而"指出碰巧会存在可能原因便搜查（其他人），或搜查该人可能恰好出现的场所"，是绝不能达到上述标准的。

这有可能是使用数据挖掘算法来颁发搜查令所难以解决的问

题。计算机非常不擅长于为特定的，确切来说是为独特的情况推测无辜解释。还记得第 3 章那个"猫与花瓶"的例子吗？计算机没有人类的生活经历，无法猜测出符合语境的合理解释。人类看过风吹倒物体、见过孩子打翻东西后跑出房子、体验过地震的感觉，所以能联想到这些可能性。计算机软件却完全做不到。颁发搜查令也一样，人工智能算法无法猜测，更别说评估无辜解释。

第二个问题是，搜查令应该具有合理基础。废弃建筑物是违法毒品的制作场所，这说得过去。但要说教堂或老年人中心是违法毒品的制作场所，就没那么合理了。但数据挖掘算法并不能区分两者的差异。

数据挖掘算法的另一个问题是，它们可能会用种族、宗教或政治团体的替代指标，而这些都不应该出现在申请搜查令的考虑范围内。例如，搜遍大数据的算法可能会发现，住在固定地区、购买固定产品、穿着固定衣服或访问固定网站都是表明犯罪活动的指标，但也是种族、宗教和其他受保护阶层的替代指标。

法院要求特定的、个人化的犯罪活动证据，其中一个原因是，含混不清会滋生政府权力滥用。首先，民众应该知道哪些特定活动是违法的，或能作为侵犯他们隐私的理由。其次，政府应该限制个人隐私可以被随意侵犯的自由。

假设数据挖掘算法颁发搜查令或逮捕令的依据是合法活动，但该活动在统计学上与非法活动相关联。大多数被选择的模型都可能是暂时的随机噪声。要记住，搜寻的数据集越大，就越可能发现无意义的偶然性模型。

如果算法发现吸食违法毒品和在开市客超市购买狗粮、看《宋飞正传》、每三年买一辆新车之间有相关系数，会怎么样？这些可能完全是偶然存在的统计学关系，就像总统大选结果与 5 个城镇的气温存在相关系数一样。即使并非完全偶然，难道民众不应该被事先警告可能会被逮捕，或在收看《宋飞正传》时，被提前通知自己的房子要被搜查吗？

对于第二个问题，即警察的随意决定导致有选择性的法律执行。想象数据挖掘算法识别了 1 万个具备与所知罪犯的性格特征相似的居民。如果警方没有权力彻查这 1 万个居民，他们可能会从中选出自认为有特大嫌疑的几十个居民。但是，这就有损了要基于证据，而不是基于突发奇想的搜查原则。

看看你的手环

理查德·伯克在宾夕法尼亚大学的犯罪学系和统计学系均担任职务。他的专业特长之一是算法犯罪学，即"使用统计学或机器学习程序来预测犯罪行为和受害情况"。算法犯罪学越来越常见于审前保释、审后判决和定罪后假释判决中。

伯克写道："这个方法就像个'黑匣子'，错误率很低。"在《大西洋月刊》的一篇文章中，伯克更是直言："如果能用太阳黑子、鞋码或手环大小的数据，我肯定会用。如果我给算法输入足够多的预测指标，它就会得到出乎你意料之外的结果。"

大多数"出乎你意料之外的结果"都毫无意义，如太阳黑子、鞋码或手环大小。它们反映出短暂的、偶然性的模型，这都是无用的犯罪行为的预测指标。有一项研究调查了较为广泛使用的危险评估算法之一，结果发现，被预测两年内施行暴力犯罪的人当中，实际上只有 20% 的人确有此举。此外，这个预测结果还歧视黑人。

伯克的初衷无疑是好的，但他认为太阳黑子、鞋码或手环大小可以用来决定一个人应该被假释还是继续监禁的想法，实在令人不安。若过度信赖计算机，就会出现这种情况。

更糟糕的是，出售犯罪学算法的公司通常不会透露它们所考虑的因素，以及哪些是它们的算法认为重要的因素，还声称这是有价值的专利信息。这个秘密让被告人不可能为自己被判监禁的结果辩护，因为这个结果的依据是数据中偶然出现的模型。

在一件案子中，威斯康星州的警方识别出一辆汽车涉嫌一起驾车枪击案，于是追赶该车辆。车停下来后，司机埃里克·卢米斯被逮捕，不久后认罪，承认自己逃避警察追捕，对"未经车主同意，擅自驾驶他人车辆"的指控也不予回应。法官部分考虑了计算机算法的预测结果，即如果卢米斯不被监禁，就有可能会犯下更多罪行，因此判处他六年有期徒刑。卢米斯上诉到威斯康星州最高法院和美国最高法院，均被驳回。

威斯康星州最高法院赞赏这种基于证据的判决——根据数据，而不是人的主观意见。人的意见肯定不完美，但黑匣子式的数据挖掘算法也是如此。法院表示，"尽管卢米斯不能质疑算法如何计算危险，但他至少能审查和质疑他最后得到的危险评分"。很难能见到他真的做到这一点，除非他创建自己的算法。

威斯康星州司法部长表示，法院应该持观望态度，"法院使用危险评估来进行判决还是新举措，需要时间做进一步观察渗透"。同时，卢米斯"有质疑评估和说明其可能存在的错误的自由"。实际上，他怎么能挑战得了一个黑匣子式的模型呢？

人气算法的创建者确实透露了少部分自己输入的数据，但并不能抚慰人心。在他们考虑的因素当中，有被告对下述问题的回答，如："你有多少朋友或熟人服用违法毒品？""如果有人惹怒你，你是否会做出危险举动？"说真的，谁会回答"很多"或"当然会"？

危险评估算法当然会忽略那些任何理智的犯罪分子都不会如实回答的问题。它们肯定会基于更多微妙数据（如手环大小和鞋码），而这看上去肯定公平。被告应该知道那些数据，而不是在算法渗透的过程中，把牢底坐穿。

你需要整容吗？

如果假释判决是基于预测惯犯行为的统计学模型，那么离使用这种模型来决定谁应该被捕和被送进监狱也只是一步之遥了。果然，在 2016 年，有两名中国研究人员报告称，他们能运用自己的人工智能算法扫描脸部照片，预测某人是否是罪犯，准确率高达 89.5%。

我的第一反应是（可能你也一样），这就是个恶作剧，就像第 6 章那个死三文鱼的研究一样。可能是两个喜欢恶作剧的人，通过这样戏剧性的实验表明，数据挖掘能用来杜撰出不切实际的说法。使用几十万像素肯定能得到某些相关系数密切的结果。该模型通过扫描人脸和使用数据挖掘软件找出的统计学关系，也只能创建关于某人的智商、电影喜好或癌症易感性的虚假预测指标。

我读过那篇文章，惊讶地发现他们完全是认真的。他们侃侃而谈道：

和人类审查员或法官不一样，计算机视觉算法或分类器完全不会受过往经历、种族、宗教、政治信条、性别、年龄等的影响，它没有主观看法、情感和偏好，没有精神疲倦，也没有睡眠不足或进食不佳的情况。

这两位研究人员扫描了 1 856 名男性的身份证证件照，其中 730 名为罪犯，另外 1 126 名是普通人。他们的人工智能程序发现，"一些有辨别力的结构化特征能预测犯罪分子，如唇曲率、眼内角距和所谓的口鼻角度"。

《麻省理工科技评论》持乐观态度，称："这一切都预示着，'人体测量学、犯罪学等方面'即将开启新纪元，随着机器的能力越来越大，还有很多研究空间可供发展。"一名受人敬重的数据科学家写道："该研究的实施过程严谨，结果是什么就是什么。"这口吻就仿佛是真正的数据挖掘者。谁还需要理论呢？如果人工智能程序找到统计学模式，这个证据就足够了。结果是什么就是什么。

值得大赞一番的是，人工智能研究人员全都认为，若当真有可能导致危险后果，就要摒弃这种具有危害性的伪科学，它既不可靠，又容易让人产生误解。

那两名研究人员发表的文章中包括三名罪犯和三名普通人的脸部照片，它们无疑都是经过选择的，这样读者就会认同罪犯和普通人看上去确实不同。罪犯都不笑，没有身穿职业服装，皮肤也更加粗糙。除了唇曲率、眼内角距和所谓的口鼻角度（不管这些是什么意思），人工智能程序和我们注意到的一样吗？它除了检测笑容，还能做什么吗？

我还是怀疑这项研究可能就是场恶作剧，但如果并非恶作剧，那么人工智能罪犯人脸算法的目的是什么？我们应该逮捕那些一脸罪犯相的人，好让他们不能犯罪吗？

我记得 2002 年上映的电影《少数派报告》中，三名超能力者可以在罪犯犯罪之前就侦查出其犯罪企图，使得犯罪预防组织的警察可提前将其逮捕。当然，逻辑问题在于，如果企图犯罪的人在杀人前被捕，就不会出现谋杀事件。因此，超能力者又怎么能够预先侦查到没有发生过的谋杀呢？

识别"罪犯脸"的人工智能算法并没有这种时间矛盾问题，因为它不能预测特定的罪犯。它只能用识别程序算出有 89.5% 的可能性是罪犯的人。这些罪犯可能过去已经犯了法。

但还是要问，人工智能程序会用来逮捕和监禁那些逍遥法外的人和那些只是企图犯罪的"前"罪犯吗？

一名博主对这项研究做了如下评论：

如果人工智能程序只是将那些看上去像罪犯的人送进拘留所，能怎么样？这会造成什么伤害吗？那些人不过是在里面待上一段时间，等"康复期"结束就好了。即便部分无辜的人也被关了进去，从长远来看，这会对他们造成什么不利影响吗？

我希望这名博主是在冷嘲热讽，但恐怕他就是这么想的。如果这样盲目信任计算机成为惯例，政府或许也会开始根据人工智能的人脸分析，来关押民众了。

如果你的唇曲率、眼内角距和所谓的口鼻角度也符合罪犯特征，那怎么办？不管是不是罪犯，你将来可能都要整容。

摆弄系统

数据挖掘算法有两个根本问题。一方面，如果算法是专利机密，我们则无法检查算法所使用数据的准确度。如果黑匣子式算法被告知你有贷款未偿清，而真正欠款的是跟你同名的另一个人，但你不会知道这是个误会或其实是可以改正的。另一方面，如果算法是公开的，大家就能摆弄系统，就会有损模型的有效性。如果算法发现，未付清贷款的人都常常使用某个词，那么大家都会不再使用这个词，这样的话，无论不还贷的概率是多少，申请都能获得批准。

想要低汽车保险费率的人，可以在脸书上列清单；想要获取假释机会的囚犯，可以改变自己手环的大小；不想被逮捕的罪犯，可以整容。人们一旦了解系统，就能摆弄它，这样也会有损系统。这种摆弄现象太常见了，以至于还有个名字——古德哈特定律，取自英国经济学家查尔斯·古德哈特。该定律的内容是：当一项政策成为目标，它就不再是好政策。古德哈特是英格兰银行的经济顾问，他的观点是"设定货币目标会引起人们以损害目标有效性的方式，改变自己的行为"。现在，我们都知道这个定律也被应用于很多其他情况。

苏联的中央规划局下令要求制钉厂生产一定数量的钉子，企业为了降低成本，会尽量生产最小的钉子——也是用处最小的钉子。因此，制定目标会损害目标的有效性。

现在，全美国的学校都以标准考核来管理，该考核用于评估学生、教师和学校。教得好的老师会获得奖金，教得不好的就会被辞退。办得好的学校会吸引学生，获得更多资金来源，办不好的就会被国家接管。因此，老师和学校的回应也在意料之中：实行应试教育，（极端情况下）直接给学生正确答案或篡改答案卡。因此，制定目标会损害目标的有效性。

大学院校也会以不同的方式摆弄系统。我任教的波莫纳学院入选了《美国新闻与世界报道》发布的全球最佳大学排行榜后，申请人数大幅增加，因为《美国新闻与世界报道》为其做了免费宣传。全美国甚至全世界的学生都申请波莫纳学院，因为他们看到它在《美国新闻与世界报道》的排名榜上非常靠前。申请人数的增加，反过来又让波莫纳学院的筛选越来越严格（现在的录取率不足 7%），这又进一步提高了该校在《美国新闻与世界报道》的排行榜上的排名。富者愈富。

知道了这一点后，有些大学便企图摆弄系统。《美国新闻与世界报道》的排名标准可以轻易获得，某些院校便能使些计谋。有些计谋的代价很高，例如，《美国新闻与世界报道》会计算教师薪酬和师生比，但学院要想在这些方面做出改变就要花大价钱。其他衡量指标更容易操控。比如，两个重要的衡量标准是录取率（申请人被接收的比例，越低越好）和入学率（被录取学生选择入校的比例，越高越好）。一所二等小院校的招生办主任告诉我他是如何提高自己院校的这两个指标的：假设该院校有 1 000

名申请人，想要招 200 名大一学生。可以将这 1 000 名申请人按照成绩高低均分为五组，每组含有 20% 的申请人。如果该学院录取前 40% 的申请人（录取率为 40%），可能只有次优秀的那 20% 的申请人会入学（即入学率为 50%）。最优秀的 20% 的申请人只是将这所院校当作备选，以防没能进入更好的学校。一旦他们能选择更好的学校，就肯定会去的。

该主任这种势利的策略是拒绝最优秀的那 20%，因为他们对该院校来说太优秀了，只录取次优秀的那 20%，他们全都会选择入学的。因此，该主任将录取率缩减了一半（从 40% 降为 20%），还使入学率翻倍了（从 50% 到 100%）。那些数字并非像这个虚构例子一样，是预先定好的，但其原理是一样的。主任拒绝了最优秀的申请人，认为如果录取了他们，他们中的大多数人还是不会入校，从而降低了录取率。这种方式让他这所二等院校的筛选更加严格，更值得申请。因此，制定目标会损害目标的有效性。

《美国新闻与世界报道》的另一个重要衡量标准是学生少于 20 人的班级比例。我知道有所大学利用这个衡量标准来摆弄系统，迅速提升了自己在《美国新闻与世界报道》的排行榜上的排名。

具体而言，假设经济系开设一门导论课，每学期有 300 名学生选修。该学院可以将这门课分为 10 个小班，其中 9 个班的人数上限为 19 人，第 10 个班的人数为 129 人。那么，这所大学就可以报告说，学校班级少于 19 人的比例是 95%，尽管有 43% 的学生都挤在一个 129 人的大班上课。因此，制定目标会损害目标的有效性。

这就是人工智能程序的内在问题，它利用我们目前的行为来预测未来的行为。我们会改变自己的行为：戴不同的手环，访问不同的网站，改变自己的笑容。如果评估贷款申请人的依据是账单支付记录，有些人会及时支付账单，以获取更高的信用评分。不过这也还好，因为贷方就是想要申请人及时还贷。如果计算机根据手机充电频率来评估贷款申请人，有些人会通过频繁充电来摆弄系统。这就不是预测他们是否会还贷的合理指标。

共同毁灭原则

1983 年 9 月 6 日，苏联的预警卫星侦查到美国的五颗洲际弹道导弹对准了苏联。苏联的协定是，在美国发射导弹摧毁苏联的反制能力前，立即对美国发动核导弹还击。

这就是对策论的军事策略，称作"共同毁灭原则"（mutually assured destruction），具有讽刺意味的是，其首字母缩略词刚好是 MAD（疯狂的）。假设两个国家的核武器都能摧毁对方，两个国家都有可信的应对政策，即全力以赴使用核武器来消灭先开火的国家。理论上的对策论均衡就是，没有国家会攻击另一个国家，因为这样会导致双方同归于尽。

如果计算机被编程为一侦查到有导弹来袭就启动反制措施，而且人类无法更改计算机程序，那么全面报复的威胁就完全可信。知道对方肯定会做出灾难性的回应，就没有哪个国家胆敢发动攻击了。

这种无法逆转的计算机化应对方法是斯坦利·库布里克的讽刺电影《奇爱博士》的创作基础，美国和苏联都创建了会被预警系统激活，并且人类无法制止的"世界末日装置"。

幸运的是，当 1983 年真正出现这种情况时，苏联上校斯坦尼斯拉夫·彼得罗夫干预成功了。他当时正在莫斯科执勤，监测苏联预警系统的信号。当系统显示美国导弹正对准苏联时，彼得罗夫违反了协定，并没有发动反制措施，因为这肯定会导致同归于尽的局面。

正如彼得罗夫所预料的，这只是一次假警报，起因是阳光照在云团上的异常反射让苏联的预警系统产生了误报。若苏联使用的是无法改变的计算机算法，后果可想而知。

这并非第一次（或最后一次）侥幸躲过的核灾难。1995 年 1 月 25 日，运载科学仪器的四级火箭"黑色布兰特"（Black Brant）在挪威发射。火箭的雷达信号恰巧与美国海军潜艇三叉戟导弹的相似，飞行路径直指莫斯科！苏联的预警系统触发了高级警报，以为这颗导弹的发射目的是引发高纬度爆炸，为美国发动全面核攻击蒙蔽苏联的监控雷达。随后，"黑色布兰特"与第一级引擎分离，雷达信号变成了核弹头的多弹头重入运载器信号。

计算机激活了为俄罗斯时任总统鲍里斯·叶利钦授权核反制准备的核按钮手提箱。叶利钦有 5 分钟时间考虑是否做出最后的授权指示。就在他犹豫期间，"黑色布兰特"突然转离莫斯科，还没到 5 分钟就落入海底，未造成任何伤亡。如果没有人类的介入，而是靠计算机算法来决定是否置人于死地，结果会是怎么样呢？

不难想象，未来打仗全靠计算机化设备——全自动飞机、坦克，机器人发射导弹、炸弹、激光器和子弹。向人工智能系统给出对某个人、某个地方或某个物体的描述，指导系统就会在其视觉识别软件匹配成功后发动攻击。还有被称作"致命自主武器"（lethal autonomous weapons, LAWs）的军用机器人。

韩国拥有三星 SGR-A1 自动哨兵机器人，镇守韩国的非武装地带，这也是世界上军事化程度最高的边境地带。关于这些武器，人们知道的非常少，但有报道指出，它们能侦查到两英里以外的动静，识别和录下目标，发出警告，然后开枪或投掷手榴弹。三星表示，人类应该批准使用 SGR 机器手枪或手榴弹发射器，但是一些独立的外部团体认为，这些系统会自动开枪，除非受到人类的远程控制。

假设未来的人工智能武器系统将会有内置损失函数，就像检查程序或国际象棋那样，能评估行动前其他行为过程可能带来的后果。该损失函数肯定比棋盘游戏复杂得多，因为它们需要考虑目标的价值、潜在的附带损害（包括消极宣传），以及有机会在其他情况下攻击的可能性。所有这些因素都极其复杂，也会（至少应该）是目标、地点和军事状况特有的。

这并不仅限于军事领域。人工智能软件有时也会对无人驾驶的汽车做出价值判断。为了避免撞到行人或校车，无人驾驶汽车应该转向逆行吗？我不知道怎么回答，但做决定的似乎应该是司机，而不是编写算法或者可能没有考虑这个窘境的程序员。

控制汽车和军用设备的人工智能算法应该计算概率加权期望值，或者最大最小值（选择在最坏情况下造成最小损失的行动）。规则一定具有主观性和争议性，一旦编程结束，那就是板上钉钉的事情了。考虑到军事攻击会摧毁宗教圣地或切断城市用水供应，人类会三思而后行。而计算机才不会在意这些，除非程序员把这些考虑编入它的损失函数，明确告诉程序应该如何评估代价。

人类会犯错，也会造成意料之外的后果，但是将打仗这种事交给机器，任其发挥，这令人毛骨悚然。

结　语

我们生活在一个不可思议的历史时期。计算机革命比工业革命给人们的生活带来了更加翻天覆地的变化。我们可以使用计算机来实现过去无法完成的目标，计算机也为我们打开了很多崭新的大门。

我很迷计算机，你可能也有同感。但是，我们不应该让自己对计算机的喜爱，蒙蔽了对它们的局限的认知。没错，计算机储存的事实数据比我们多，记忆力比我们好，计算速度比我们快，还不会像我们那样疲倦。

机器人完成重复单调任务的能力远超人类，如拧螺栓、播种、搜索法律文件、接受银行存款和分配现金。计算机能识别物体、画画和驾车。你肯定还可以想出计算机其他让人惊叹的，甚至是超人类的壮举。

因为计算机能够极其出色地完成任务，所以很容易让人认为它们肯定是高度智能化的。然而，在完成特定任务方面大有用处与拥有通用智能是两码事。通用智能可以将从一次任务中吸取到的教训和习得的技能，运用于更加复杂或完全不同的任务。有了真正的智能，技能便可信手拈来。

计算机非常强大，而且越来越完善，但是计算机算法的设计，仍然是完成定义明确的琐事所需要的、适用范围非常狭窄的能力，而不是像通用智能那样可以通过评估事情现状、起因和后果，来处理不熟悉的情境。人类能够将通用知识运用到特定情境中，再借助特定情境来改善自己的通用知识。如今的计算机还无法做到这一点。

人工智能和人脑的真正智能完全不是一码事。计算机并不知道词语的意思，因为它无法像我们一样感知世界。它不知道真实世界是什么，缺少人类在现实生活中积累所得的常识或智慧；无法构想出有说服力的理论学说，也无法做出归纳推理或长期规划；没有情绪、感觉和灵感，这些都是创作扣人心弦的诗歌、小说或电影剧本所必不可少的。

或许有一天，计算机会拥有类似人类的真正智能，但这并不是因为计算机内存更大或处理速度更快。这不是量变的问题，而是质变产生的不同方式——找到方法让计算机获取通用智能，使其可以在不熟悉的情境中灵活运用多种方式。

我想澄清一点，这不是在批评计算机科学家。他们都才智过人，也付出了大量辛勤汗水。计算机科学家的工作难度极大，并且大有裨益。还有更多需要完成的工作，难上加难。

模仿人脑是一项艰巨的任务，不能确保一定会成功。不过，还是有一些传奇式的例外，如美国电话电报公司的贝尔实验室、洛克希德·马丁公司的"臭鼬工厂"和施乐公司的帕克研究中心，但是很少有企业愿意支持与脑力有关、短期无回报的研究。一些有用且能立即获利的项目对它们来说更具吸引力。

　　我不知道，开发出可与人类相媲美的通用智能的计算机需要多长时间。我猜测，至少也需要几十年。可以肯定的是，那些声称计算机已经拥有通用智能的说法都是错的。我也不相信那些人给出的特定日期，如2029年。同时，请保持对牵强附会的科学小说场景的怀疑态度，也小心提防夸大宣传人工智能产品的企业。

　　挖掘大数据风行一时，但数据挖掘是人为，而非智能。当统计模型分析大量可能的解释变量时，可能关系的数量就会暴增。有1 000种可能解释变量的多元回归模型，10个输入变量存在近1万亿个万亿的可能组合。若有1万个可能解释变量，则10个输入变量存在超过10亿万亿个万亿的可能组合。难以想象，若有100万个可能解释变量，会存在多少种可能组合。

　　如果把很多可能变量都考虑在内，即便所有都只是随机噪声，部分组合也一定与我们试图预测的对象高度相关，如癌症、信用风险和岗位适用性。偶然会出现真正的"知识发现"，但是，考虑的解释变量越多，所发现关系只是偶然出现且转瞬即逝的可能性就越大。

　　统计学证据不足以辨别真知灼见和虚假信息。只有逻辑、智慧和常识才能对其加以区分。计算机无法评估事物是真正相关还是偶然相关，因为计算机不理解数据的意义。数字不过是数字而已。计算机并没有区分好坏数据所需的人类判断力，没有分辨有理有据的和虚假伪造的统计学模型所需的人类智能。如今的计算机能通过图灵测试，却无法通过史密斯测试。如果所发现的模式被隐藏在黑匣子里，让模型难以理解，就会使这种情况恶化。无人知晓为什么计算机算法决定要买入这只股票、拒绝这名求职者、给病患开这种药、拒绝这名囚犯的假释请求和轰炸这座建筑。

在大数据时代，真正的危险不是计算机比我们更聪明，而是我们自己这么认为，从而信任计算机为我们做出重要决定。我们不应该认为计算机就是万无一失的、数据挖掘都是"知识发现"，以及黑匣子也应该被信赖。我们要相信自己能判断统计学模型是否合理，有无可能派上用场，抑或它只是偶然出现而已，转瞬即逝，毫无用处。

人类推理与人工智能有天壤之别，这也是为什么如今更显人类推理能力的可贵之处。

参考文献

1938 New England hurricane. (n.d.). In Wikipedia. Retrieved April 29, 2015, from: http://en.wikipedia.org/wiki/1938_New_England_hurricane#cite_note-3.

Alba, Davey. 2011. How Siri responds to questions about women's health, sex, and drugs, *Laptop*, December 2.

Alexander, Harriet. 2013. 'Killer Robots' could be outlawed, *The Telegraph*, November 14.

Allan, Nicole, Thompson, Derek. 2013. The myth of the student-loan crisis, *The Atlantic*, March.

Anderson, Chris. 2008. The end of theory, will the data deluge make the scientific method obsolete?, *Wired*, June 23.

Andrew, Elise. undated, AI trying to design inspirational posters goes horribly and hilariously wrong, IFLScience, Available from: http://www.livemint.com/Technology/VXCMw0Vfilaw0aIInD1v2O/When-artificial-intelligence-goes-wrong.html.

Angwin, Julia, Larson, Jeff, Mattu, Surya, Kirchner, Lauren. 2016. Machine bias, *ProPublica*, May 23. Available from: https://www.propublica.org/article/machine-bias-risk-assessments-in-criminal-sentencing.

Angwin, Julia, Scheiber, Noam, Tobin, Ariana. 2017. Machine bias: dozens of companies are using facebook to exclude older workers from job ads, ProPublica December 20., Available from: https://www.propublica.org/article/facebook-ads-age-discrimination-targeting.

Anonymous. 2015. A long way from dismal: economics evolves. *The Economist*, 414 (8920), 8.

Baum, Gabrielle, Smith, Gary. 2015. Great companies: looking for success secrets in all the wrong places, *Journal of Investing*, 24 (3), 61–72.

Bem, DJ. 2011. Feeling the future: experimental evidence for anomalous retroactive influences on cognition and affect, *Journal of Personality and Social Psychology*, 100 (3), 407–25.

Berk, R. 2013. Algorithmic criminology, *Security Informatics*, 2: 5. https://doi.org/10.1186/2190-8532-2-5.

Bolen, Johan, Mao, Huina, Zeng, Xiaojun, 2011. Twitter mood predicts the stock market, *Journal of Computational Science*, 2 (1), 1–8.

Boyd, Danah, Crawford, Kate. 2011. Six provocations for big data. A Decade in Internet Time: Symposium on the Dynamics of the Internet and Society, September 21, 2011.

Brennan-Marquez, Kiel. 2017. Plausible cause: explanatory standards in the age of powerful machines, *Vanderbilt Law Review*, 70 (4), 1249–1301.

Brodski, A, Paasch, GF, Helbling, S, Wibral, M. 2015. The faces of predictive coding. *Journal of Neuroscience*, 35 (24): 8997.

Calude, Cristian S, Longo, Giuseppe. 2016. The deluge of spurious correlations in big data, *Foundations of Science,* 22, 595–612. https://doi.org/10.1007/s10699-016-9489-4.

Cape Cod Times, July 7, 1983.

Caruso, EM, Vohs, KD, Baxter, B, Waytz, A. 2013. Mere exposure to money increases endorsement offree-market systems and social inequality. *Journal of Experimental Psychology: General,* 142, 301–306. http://dx.doi.org/10.1037/a0029288.

Chappell, Bill. 2015. Winner of French Scrabble title does not speak French, The Two-Way: Breaking News From NPR.

Chatfield, Chris. 1995. Model uncertainty, data mining and statistical inference, *Journal of the Royal Statistical Society A* 158, 419–466.

Chollet, Francois. 2017. *Deep Learning With Python.* Manning Publications.

Christensen, B, Christensen, S. 2014. Are female hurricanes really deadlier than male hurricanes? *Proceeding ofthe National Academy of Sciences USA* , 111 (34) E3497–98.

Coase R, 1988. How should economists choose?, in *Ideas, Their Origins and Their Consequences: Lectures to Commemorate the Life and Work of G. Warren Nutter*, American Enterprise Institute for Public Policy Research.

Cohn, Carolyn, 2016, Facebook stymies Admiral's plans to use social media data to price insurance premiums, *Reuters*, November 2. Available from: https://www.reuters.com/article/us-insurance-admiral-facebook/facebook-stymies-admirals-plans-to-use-social-media-data-to-price-insurance-premiums-idUSKBN12X1WP.

Dalal, SR, Fowlkes, EB, Hoadley, B. 1989. Risk analysis ofthe space shuttle: pre-Challenger prediction offailure, J *ournal ofthe American Statistical Association* . 84 (408), 945–57.

Davis, Ernest, 2014. The technological singularity: the singularity and the state of the art in artificial intelligence. *Ubiquity*, Association for Computing Machinery. October. Available from: http://ubiquity.acm.org/article.cfm?id=2667640.

Devlin, Hannah, 2015. Rise ofthe robots: how long do we have until they take our jobs?, *The Guardian*, February 4.

Diamond, Jared, 1989. How cats survive falls from New York skysrcapers, *Natural History*, 98, 20–26.

Duhigg, Charles, 2012. How companies learn your secrets, *The New York Times Magazine.* February 16.

Effects of Hurricane Sandy in New York. (n.d.) In Wikipedia. Retrieved April 29, 2015, from: http://en.wikipedia.org/wiki/Effects_of_Hurricane_Sandy_in_New_York.

Evtimov, I, Eykholt, K, Fernandes, EKohno, T, Li, B, Prakash, A. et al. 2017. Robust physical-world attacks on deep learning models. <https://arxiv.org/abs/1707.08945>

Fayyad, Usama, Piatetsky-Shapiro, Gregory, Smyth, Padhraic. 1996. From data mining to knowledge discovery in databases, AI Magazine, 17 (3), 37–54.

Galak, J, LeBoeuf, RA, Nelson, LD, & Simmons, JP. 2012. Correcting the past: failures to replicate Psi. *Journal of Personality and Social Psychology*, 103(6), 933–48.

Garber, Megan, 2016. When algorithms take the stand, *The Atlantic*, June 30.

Gasiorowska, Agata, Chaplin, Lan Nguyan, Zaleskiewicz, Tomasz, Wygrab, Sandra, Vohs, Kathleen D. 2016. Money cues increase agency and decrease prosociality among children: early signs of market-mode behaviors, *Psychological Science*, 27(3), 331–44.

Gebeloff, Robert, Dewan, Shaila. 2012. Measuring the top 1% by wealth, not income, *New York Times*, January 17.

Gemini. Is more education better? 2014. *DegreeCouncil*, April 18. Available from: http://degreecouncil.org/2014/is-more-education-better/.

Goldmacher, Shane. 2016. Hillary Clinton's "Invisible Guiding Hand", *Politico*, September 7.

Goldman, William, 1983. Adventures in the screen trade, Los Angeles: Warner Books.

Greene, Lana. 2017. Beyond Babel: The limits of computer translations, *The Economist*, January 7. 422 (9002), 7.

Herkewitz, William. 2014. Why Watson and Siri are not real AI, *Popular Mechanics*, February 10.

Hirshleifer, D, Shumway, T. 2003. Good day sunshine: Stock returns and the weather. *Journal of Finance*, 58(3) 1009–32.

Hou, Kewei, Xue, Chen, Zhang Lu. 2017. Replicating anomalies, *NBER Working Paper No. 23394*, May.

Hoerl, Arthur E, Kennard, Robert W. 1970a. Ridge regression: Biased estimation for nonorthogonal problems. *Technometrics*, 12, 55–67.

Hoerl, Arthur E, and Kennard, Robert W. 1970b. Ridge regression: Applications to nonorthogonal problems. *Technometrics*, 12, 69–82.

Hofstadter, Douglas. 1979. *Gödel, Escher, Bach: An Eternal Golden Braid*, New York: Basic Books.

Hofstadter, Douglas, Sander, Emmanuel. 2013, *Surfaces and Essences: Analogy as the Fuel and Fire of Thinking*, New York: Basic Books.

Hornby, Nick, 1992. Fever Pitch, London: Victor Gollancz Ltd., p. 163.

Hurricane Allen. (n.d.). In Wikipedia. Retrieved April 29, 2015, from: http://en.wikipedia.org/wiki/Hurricane_Allen#cite_note-1983_Deadly-18.

Hvistendahl, Mara. You are a number, *Wired*, January 2018, 48–59.

Ip, Greg. 2017. We survived spreadsheets, and we'll survive AI, *The Wall Street Journal*, August 3.

Issenberg, Sasha. 2012. How Obama used big data to rally voters, Part 1, *MIT Technology Review*.

Johnson P. 2013. 75 years after the Hurricane of 1938, the science of storm tracking improved significantly. *MassLive*, September 14. Available from: http://www.masslive.com/news/index.ssf/2013/09/75_years_after_the_hurricane_o.html, Retrieved April 29, 2015.

Jung, K, Shavitt, S, Viswanathan, M, Hilbe, JM. 2014. Female hurricanes are deadlier than male hurricanes. *Proceedings ofthe National Academy of Sciences. USA* 111 (24), 8782–7.

Kendall, MG. 1965. *A Course in Multivariate Statistical Anaalysis*. Third Edition, London: Griffin.

Khomami, Nadia. 2014. 2029: the year when robots will have the power to outsmart their makers, *The Guardian*, February 22.

Knight, Will. 2016. Will AI-powered hedge funds outsmart the market?, *MIT Technology Review*, February 4.

Knight, Will. 2017. The financial world wants to open AI's black boxes, *MIT Technology Review*, April 13.

Knight, Will. 2017. There's a dark secret at the heart of artificial intelligence: no one really understands how it works, *MIT Technology Review*, April 11.

Knight, Will. 2017. Alpha Zero's alien chess shows the power, and the peculiarity, of AI, *MIT Technology Review*, December 8.

Labi, Nadia, 2012. Misfortune Teller, *The Atlantic*, January/February 2012.

Lambrecht, Anja, Tucker, Catherine E. Algorithmic bias? An empirical study into apparent gender-based discrimination in the display of STEM career ads (November 30, 2017). Available at SSRN: https://ssrn.com/abstract=2852260 or http://dx.doi.org/10.2139/ssrn.2852260.

Lazer, David, Kennedy, Ryan, King, Gary, Vespignani, Alessandro. 2014. The parable of Google flu: traps in big data analysis, *Science*, 343 (6176), 1203–5.

LeClaire, Jennifer. 2015. Moore's Law turns 50, creator says it won't go on forever, *Newsfactor*, May 12.

Leswing, Kif. 2016. 21 ofthe funniest responses you'll get from Siri, *Business Insider*, March 28.

Lewis-Kraus, Gideon. 2016. The great AI awakening, *The New York Times Magazine*, December 14.

Liptak, Adam. 2017. Sent to prison by a software program's secret algorithms, *New York Times*, May 1.

Loftis, Leslie. 2016. How Ada let Hillary down, Arc Digital, December 13.

Madrigal, Alexis. 2013. Your job, their data: the most important untold story about the future, *Atlantic*, November 21.

Maley, S. 2014. Statistics show no evidence of gender bias in the public's hurricane preparedness. *Proceedings ofthe National Academy of Sciences,* 111 (37) E3834. *USA*. http://dx.doi.org/10.1073/pnas.1413079111.

Malter, D. 2014. Female hurricanes are not deadlier than male hurricanes. *Proceeding ofthe National Academy of Sciences. USA* , 111 (34) E3496. http://dx.doi.org/10.1073/pnas.1411428111.

Marquardt, Donald W. 1970. Generalized inverses, ridge regression, biased linear estimation. *Technometrics*, 12, 591–612.

Massy, William F. 1965. Principal components in exploratory statistical research. *Journal ofthe American Statistical Association* , 60, 234–56.

McLean, R. David, Pontiff Jeffrey. 2016. Does academic research destroy stock return predictability?, *Journal of Finance*, 71 (1), 1540–6261.

Metz, Cade. 2016. Trump's win isn't the death of data—it was flawed all along, *Wired*, November 9.

Minkel, J R. 2007. Computers solve checkers—it's a draw, *Scientific American*, July 19.

National Oceanic and Atmospheric Administration. 2012. Predicting hurricanes: times have changed. Available from: http://celebrating200years.noaa.gov/magazine/devast_hurricane/welcome.html.

Nguyen, Anh, Yosinski, Jason, Clune Jeff. 2015. Deep neural networks are easily fooled: high confidence predictions for unrecognizable images, *Proceedings ofthe IEEE Conference on Computer Vision and Pattern Recognition*. Available from: https://arxiv.org/abs/1412.1897v4.

Otis, Ginger Adams. 2014. Married people have less heart problems than those who are single, divorced: study, *Daily News*, March 28.

Panesar, Nirmal, Graham, Colin. 2012. Does the death rate of Hong Kong Chinese change during the lunar ghost month? *Emergency Medicine Journal* 29, 319–21.

Panesar, Nirmal S, Chan, Noel CY, Li, Shi N, Lo, Joyce KY, Wong, Vivien WY, Yang, Isaac B, Yip, Emily KY. 2003. Is four a deadly number for the Chinese?, *Medical Journal of Australia*, 179 (11): 656–8.

Peck, Don. 2013. They're Watching You at Work, *Atlantic*, December.

Pektar, Sofia. 2017. Robots will wipe out humans and take over in just a few centuries warns Royal astronomer, *Sunday Express*, April 4.

Poon, Linda. 2014. Sit more, and you're more likely to be disabled after age 60, *NPR*, February 19.

Ruddick, Graham. 2016. Admiral to price car insurance based on Facebook posts, *The Guardian*, November 1.

Reese, Hope. 2016. Why Microsoft's 'Tay' AI bot went wrong, *TechRepublic*, Available at: http://www.techrepublic.com/article/why-microsofts-tay-ai-bot-went-wrong, March 24.

Reilly, Kevin. 2016. Two of the smartest people in the world on what will happen to our brains and everything else, *Business Insider*, January 18.

Ritchie, Stuart J, Wiseman, Richard, French, Christopher C, Gilbert, Sam. 2012. Failing the future: three unsuccessful attempts to replicate bem's 'retroactive facilitation of recall' effect, *PLoS ONE*. 7 (3): e33423.

Robbins, Bruce, Ross, Andrew. 2000. Response: Mystery science theatre, in: *The Sokal Hoax: The Sham that Shook the Academy*, edited by Alan D. Sokal, University of Nebraska Press, pp. 54–8.

Rudgard, Olivia. 2016. Admiral to use Facebook profile to determine insurance premium, *The Telegraph*, November 2.

Rutkin, Aviva Hope. 2017. The tiny changes that can cause AI to fail, *BBC Future*, April 17.

Sharif, Mahmood, Bhagavatula, Sruti, Bauer, Lujo, Reiter, Michael K. 2016. Accessorize to a Crime: Real and Stealthy Attacks on State-of-the-Art Face Recognition, *Proceedings of the 2016 ACM SIGSAC Conference on Computer and Communications Security*, 1528–40.

Siegel, Eric, 2016. How Hillary's campaign is (almost certainly) using big data, *Scientific American*, September 16.

Simonite, Tom. 2017. How to upgrade judges with machine learning, *MIT Technology Review*, March 6.

Singh, Angad. 2015. The French Scrabble champion who speaks no French, CNN, July 22.

Smith, Gary, Campbell, Frank, 1980. A critique of some ridge regression methods, *Journal of the American Statistical Association*, with discussion and rejoinder, 75 (369), 74–81.

Smith, Gary, 1980. An example of ridge regression difficulties, *The Canadian Journal of Statistics*, 8 (2) 217–25.

Smith, Gary, 2011. Birth month is not related to suicide among major league baseball players, *Perceptual and Motor Skills*, 112 (1), 55–60.

Smith, Gary, 2012. Do people whose names begin with d really die young?, *Death Studies*, 36 (2), 182–9.

Smith, Gary, Zurhellen, Michael. 2015. Sunny upside? The relationship between sunshine and stock market returns, *Review of Economic Analysis*, 7, 173–83.

Smith, Gary. 2014. *Standard Deviations: Flawed Assumptions, Tortured Data, and Other Ways to Lie With Statistics*, New York: Overlook.

Smith, Stacy, Allan, Ananda, Greenlaw, Nicola, Finlay, Sian, Isles, Chris. 2013. Emergency medical admissions, deaths at weekends and the public holiday effect. Cohort study, *Emergency Medicine Journal*, 31(1):30–4.

Sokal, A. 1996. Transgressing the boundaries: Towards a transformative hermeneutics of quantum gravity. *Social Text*, 46/47, 217–52.

Somers, James. 2013. The man who would teach machines to think, *The Atlantic*, November.

Stanley, Jason, and Vesla Waever, 2014. Is the United States a Racial Democracy?, *New York Times*, Online January 12.

Su, Jiawei, Vargas, Danilo Vasconcellos, Kouichi, Sakurai. 2017. One pixel attack for fooling deep neural networks, November 2017. Available from: https://arxiv.org/abs/1710.08864.

Szegedy, Christian, Zaremba, Wojciech, Sutskever, Ilya, Bruna, Joan, Erhan, Dumitru, Goodfellow, Ian, Fergus, Rob. 2014. Intriguing properties of neural networks, Google, February 19. Available from: https://www.researchgate.net/publication/259440613_Intriguing_properties_of_neural_networks

Tal, Aner, Wansink, Brian. 2014. Blinded by science: trivial scientific information can increase our sense oftrust in products, *Public Understanding of Science*. 25, 117–25.

Tashea, Jason. 2017. Courts are using AI to sentence criminals. that must stop now. *Wired*, April 17.

Tatem, Andrew J, Guerra, Carlos A, Atkinson, Peter M, Hay, Simon I. 2004. Athletics: momentous sprint at the 2156 Olympics?, *Nature*, 431, 525.

Todd, Chuck, Dann, Carrie. 2017. How big data broke American politics, *NBC News*, March 14.

Traxler MJ, Foss DJ, Podali R, Zirnstein M. 2012. Feeling the past: the absence of experimental evidence for anomalous retroactive influences on text processing, *Memory and Cognition*. 40(8), 1366–72.

Vadillo, Michael A, Hardwicke, Tom E, Shanks, David R., 2016. Selection bias, vote counting, and money-priming effects: a comment on Rohrer, Pashler, and Harris (2015) and Vohs (2015), *Journal of Experimental Psychology. General*, 145(5), 655–63.

Vohs KD, Mead, NL, Goode MR. 2006. The psychological consequences of money. *Science*, 314, 1154–6. http://dx.doi.org/10.1126/science.1132491.

Vorhees, William. 2016. Has AI gone too far? Automated inference of criminality using face images, *Data Science Central*, November 29.

Wagner, John. 2016. Clinton's data-driven campaign relied heavily on an algorithm named Ada. What didn't she see?, *Washington Post*, November 9.

Walsh, Michael. 2017. UPDATE: A.I. inspirational poster generator suffers existential breakdown. Nerdist, June 27. http://nerdist.com/a-i-generates-the-ridiculous-inspirational-posters-that-we-need-right-now/

Weaver, John Frank. 2017. Artificial intelligence owes you an explanation. *Slate*, May 8.

Wiecki, Thomas, Campbell, Andrew, Lent, Justin, Stauth, Jessica. 2016. All that glitters is not gold: comparing backtest and out-of-sample performance on a large cohort of trading algorithms, *Journal of Investing*, 25 (3), 69–80.

Willer, Robb. 2004. The Intelligibility of Unintelligible Texts. Master's thesis. Cornell University, Department of Sociology.

Willsher, Kim. 2015. The French Scrabble champion who doesn't speak French, *The Guardian*, July 21.

Winograd, Terry. 1972. Understanding natural language. *Cognitive Psychology*, 3, 1–191.

Wolfson, Sam. 2016. What was really going on with this insurance company basing premiums on your facebook posts?, *Vice*, November 2.

Woollaston, Jennifer. 2016. Admiral's firstcarquote may breach Facebook policy by using profile data for quotes, *Wired UK*, November 2.

Wu, Xiaolin, Zhang, Xi. 2016. Automated inference on criminality using face images, Shanghai Jiao Tong University, November 21. Available at: https://arxiv.org/abs/1611.04135v1.

Wu, Xiaolin, Zhang Xi. 2017. Responses to critiques on machine learning of criminality perceptions, Shanghai Jiao Tong University, May 26. Available at: https://arxiv.org/abs/1611.04135v3.

Yuan, Li. 2017. Want a loan in China? Keep your phone charged, *The Wall Street Journal*, April 6.

Yudkowsky, Eliezer. 2008. Artificial intelligence as a positive and negative factor in global risk. In *Global Catastrophic Risks*, edited by Nick Bostrom and Milan M. Ćirković, New York: Oxford University Press, 308–45.

Zeki, Semir, Romaya, John Paul, Benincasa, Dionigi MT, Atiyah Michael F. 2014. The experience of mathematical beauty and its neural correlates, *Frontiers in Human Neuroscience*, February 13. 8, article 68.

Zuckerman, Gregory, Hope, Bradley. 2017. The quants run Wall Street now, *The Wall Street Journal*, May 21.